U0193042

孙宝国，工学博士，教授，中国工程院院士、香料和食品风味化学专家。现任北京工商大学校长，兼任中国食品科学技术学会副理事长。构建了肉香味含硫化合物分子特征结构单元模型，研究成功了一系列重要肉香味食品香料制造技术，奠定了我国3-呋喃硫化物系列和不对称二硫醚类食品香料制造的技术基础；凝练出了“味料同源”的中国特色肉味香精制造新理念，研究成功了以畜禽肉、骨、脂肪为主要原料的肉味香精制造技术，奠定了我国肉味香精制造的技术基础；致力于白酒化学研究，提出了白酒“风味、健康双导向”的发展思路，倡导白酒生产现代化、市场国际化。主持国家自然科学基金项目7项，国家973、863和国家科技支撑项目7项。获授权发明专利20余项。作为第一完成人获国家技术发明奖二等奖和国家科学技术进步二等奖4项。

孙宝国 主编

Baijiu & Huangjiu
Chinese National Alcohols

化学工业出版社

·北京·

本书结合作者的研究工作撰写而成，以国酒为题，以通俗生动的语言，图文并茂地介绍了白酒和黄酒有关的知识、历史、文化、酿造工艺、香型分类和特点以及名酒的故事、酒中的健康因子与健康饮酒、名人与酒等内容，突出知识性、可读性和趣味性，力图使读者对白酒、黄酒有一个全面、客观的认识。

本书可作为普及和培养读者对国酒的正确认知，了解国酒的技艺和文化，弘扬优秀酒文化的科普读物。

图书在版编目（CIP）数据

国酒/孙宝国主编．—北京：化学工业出版社，2019.2（2023.7重印）

ISBN 978-7-122-33618-7

Ⅰ.①国…　Ⅱ.①孙…　Ⅲ.①酒文化-中国　Ⅳ.①TS971.22

中国版本图书馆CIP数据核字（2019）第002278号

责任编辑：赵玉清　　文字编辑：周　倜
责任校对：边　涛　　装帧设计：尹琳琳

出版发行：化学工业出版社（北京市东城区青年湖南街13号　邮政编码100011）
印　　装：北京瑞禾彩色印刷有限公司
880mm×1230mm　1/32　印张$8^1/_4$　彩插1　字数159千字
2023年7月北京第1版第12次印刷

购书咨询：010-64518888　　售后服务：010-64518899
网　　址：http://www.cip.com.cn
凡购买本书，如有缺损质量问题，本社销售中心负责调换。

定　　价：59.00元

国酒

编 写 人 员

主　编：孙宝国

参　编：毛　健　黄明泉　孙啸涛　孙金沅

　　　　李贺贺　郑福平　吴继红　张　宁

中国是卓立于世界东方的文明古国，也是酒的故乡和酒文化的发源地。众所周知，酒是和人民生活息息相关的重要消费品，是一种同时满足人们精神和物质需求的风味食品。世界各国的酒种都与本国、本地区、本民族的文化紧密相连。探索文化、艺术、礼仪、民俗、生活、哲学、美学，了解人类文化的底蕴与内涵，都少不了酒的身影。

白酒和黄酒是中国独有的，是中华民族重要的非物质文化遗产，是中华文化最鲜明的符号，更是一种氛围，一种情怀，一种心境。目前，随着消费升级，人们越来越想喝到好酒。然而中国大部分普通老百姓并不真正了解酒，而又渴望了解酒。到底白酒勾兑是不是违法？当我们说到八大名酒究竟是哪些？白酒有哪些香型？相当多的消费者对酒的知识都是一知半解，能够对酒说出一些门道的只是很小部分的人，对酒的偏见也常有出现。在当今这样一个拒绝说教的时代，我们应该如何让消费者去了解酒呢？

在我国大力推进“一带一路”和中国文化“走出去”战略的背景下，我们除了传承中国酒的技艺和文化，更应该在民族文化支撑的基础上推动研究现代的酒文化，让世界消费者认识中国酒，了解中国酒，接受中国酒文化。首先我们就要从改变过去迎合国外文化对中国酒的称呼开始，中国酒要有中国酒的名字。在这一点上，孙宝国教授率先提出了使用白酒的拼音“Baijiu”作为白酒在国际上的通用翻译，这是白酒走出国门让世界认识中国酒的重要一步。

弘扬中国酒文化既要讲传统，更要讲创新；既要讲历史，更要讲当代；既要讲今天，更要讲未来。本书以国酒为题，以通俗生动的语言，在不长的篇幅内，图文并茂地介绍了白酒和黄酒有关的概念、酿造的工艺、香型的区分和特点以及名酒的故事等，突出知识性、可读性和趣味性。这对提高老百姓对白酒的认识，纠正一些专有名词的错误理解，弘扬优秀酒文化有重要的作用。本书作者都是多年从事白酒和黄酒研究的专家，书中的很多内容也结合了他们的最新研究成果和思考。

酒知识的科普是中国酒业协会的一项重要工作内容，我希望这本书能够宣传、普及和培养消费者对中国酒的正确认知，同时可以成为向全世界传播中国酒文化的使者，成为中国酒走向世界舞台的助力和见证者。

中国酒业协会理事长

2018年11月19日

“酒，……庶民以为欢，君子以为礼。”自古以来，酒就是神圣的，常用于敬天、敬神、敬先祖，追祭亡灵。酒在上古时代就是进献帝王的佳品，传说中的仪狄造酒就是进献给夏朝开国君王大禹的。现在的古井贡酒也是从东汉末年起延续了1800多年的故事。酒也可以用于治病，中医有“酒药同源”“酒医同源”“酒是药引子”之说。如今，酒已是重要庆典、宴请和日常生活不可或缺的饮料。中国是酒的故乡，拥有9000多年的酿造历史。中国最早的酒是以大米、山楂、葡萄、蜂蜜等为原料酿造的。斗转星移，白酒、黄酒成了中国酒类饮料的主流。白酒、黄酒都是中国独有的酒种，历史悠久、文化底蕴深厚，目前只有中国能够生产，是中国的国酒。黄酒已有7000多年的酿造和饮用历史，与葡萄酒、啤酒统称世界三大古酒。白酒已有2000多年的酿造和饮用历史，是世界上最早的蒸馏酒之一，与威士忌、白兰地、伏特加、金酒、朗姆酒一起统称世界六大蒸馏酒。白酒、黄酒都是用粮食为原料、酒曲为糖化发酵剂酿造的，富含有益人体健康的功能物质，适量饮用有益健康。

中国酒文化博大精深，源远流长。但世人对白酒、黄酒的了解及其普及程度远不及威士忌、白兰地、伏特加和红酒，白酒、黄酒的主要消费群体还是华人，要成为世界性的饮料任重道远。时至今日，生产现代化、市场国际化已成为白酒、黄酒产业发展和扩大对外开放的必然要求，普及白酒和黄酒科学文化知识，增强白酒、黄酒文化自信刻不容缓。

近几年，我们在倡导喝国酒、适量饮酒、适时饮酒、文明饮酒的同时，积极推动白酒、黄酒的外文应该音译：白酒英文就是“Baijiu”，黄酒英文就是“Huangjiu”。并提出白酒、黄酒的研发生产应该坚持“风味、健康双导向”的发展思路，得到了社会各界的广泛认同。

本书结合我们的研究工作撰写而成，包括知识、历史、文化、名人、名酒等九方面内容，力图使读者对白酒、黄酒有一个全面、客观的认识。

本书由中国工程院院士、北京工商大学校长孙宝国教授主持撰写，参加撰写工作的还有江南大学毛健教授，北京工商大学郑福平教授、黄明泉教授、孙金沅副研究员、孙啸涛博士、李贺贺老师、吴继红博士、张宁博士等。由于我们学识和水平的局限，书中疏漏和不妥之处在所难免，敬请各位读者批评指正。

孙宝国

2018年9月

北京工商大学

知识篇

二

历史篇

三

文化篇

四 酿造篇

五 白酒香型篇

六 白酒名酒篇

七

黄酒名酒篇

健康篇

名人与酒篇

一 知识篇

1 酒

酒是用粮食、水果、甘蔗、蜂蜜等含淀粉或糖的物质经发酵制成的含酒精的饮料，如白酒、白兰地、威士忌、伏特加、朗姆酒、金酒、黄酒、啤酒、葡萄酒等。其中白酒、白兰地、威士忌、伏特加、朗姆酒、金酒等属于蒸馏酒，黄酒、啤酒、葡萄酒等属于非蒸馏酒。

白酒是以粮谷为原料，以大曲、小曲或麸曲为糖化发酵剂，采用固态糖化、发酵，甑桶蒸馏，经瓷坛陈酿，勾调而成的蒸馏酒。

白兰地是法国的国酒，是以葡萄或其他水果为原料，经酵母发酵、蒸馏、橡木桶贮存、调配而成的蒸馏酒。

威士忌是英国的国酒，是以大麦和谷物为原料，经过酵母发酵、蒸馏、橡木桶贮存、调配而成的蒸馏酒。

伏特加是俄罗斯、芬兰的国酒，是以谷物、马铃薯等为原料，经过酵母发酵、精馏制得原酒；原酒经白桦木活性炭缓慢过滤，除去其中的杂醇油、醛类、酸类、酯类及其他微量物质而成的蒸馏酒。

朗姆酒是古巴的国酒，是以甘蔗糖蜜或甘蔗汁为原料，经过酵母发酵、蒸馏、橡木桶贮存、调配而成的蒸馏酒。

金酒是荷兰的国酒，是以粮谷为原料，经酵母发酵、蒸馏制得基酒，加入杜松子等芳香植物，经浸渍、蒸馏、配制而成的低度蒸馏酒。

黄酒是以稻米、黍米等为主要原料，经加曲、酵母等糖化发酵剂酿制而成的发酵酒，俗称“液体蛋糕”。

啤酒是德国的国酒，是以大麦、酒花、水等为原料，经酵母发酵酿制而成的含二氧化碳的低酒精度饮料，俗称“液体面包”。

葡萄酒是用新鲜葡萄或葡萄汁为原料，经酵母发酵酿制而成的酒精饮料。按颜色分为红葡萄酒、白葡萄酒、桃红葡萄酒三种；按含糖量分为干葡萄酒、半干葡萄酒、半甜葡萄酒和甜葡萄酒四种，如干红葡萄酒、干白葡萄酒等。

米酒是中国特有的一种酒，又称酒酿、醪糟、甜酒，古人叫“醴”，是以糯米为主要原料，用酒曲发酵酿制的，酒精含量低，但后劲足。米酒营养价值高，常用于烹制食物，最著名的当属醪糟汤圆。

酒作为一种含酒精饮料，几千年来孕育了独特的文化，对人类社会发展乃至历史进程的影响也是不言而喻的。“鸿门宴”和“杯酒释兵权”是中国家喻户晓的与酒有关的历史典故。唐诗宋词是中国文学史上两颗璀璨的明珠，“酒”字在《全唐诗》中出现了5814次，在《全宋词》中出现了4892次，许多流传千古的名句出自酒后。宋代大文豪苏轼“俯仰各有志，得酒诗自成”（苏轼《和陶渊明〈饮酒〉》），而陶渊明的“采菊东篱下，悠然见南山”（陶渊明《饮酒（其五）》）正是出自酒后。乾隆皇帝和大臣纪晓岚的“金木水火土，板城烧锅酒”也是酒兴之余的千古绝对。

酒与酒文化总是结伴而行，进入新时代，我们需要的是弘扬中华民族优秀酒文化。

2 白酒

白酒是中国的国酒，是中国特有的一种蒸馏酒，具有2000多年的历史。

白酒一般是以粮谷为主要原料，以大曲、小曲、麸曲、酶制剂及酵母等为糖化发酵剂，采用固态糖化、发酵，甑桶蒸馏，经瓷坛陈酿，勾调而成的。

白酒常用的原料有高粱、小麦、大米、糯米、玉米、小米、大麦、荞麦、青稞等。

大曲是以小麦、豌豆、大麦、青稞等为原料，通过自然接种环境中的微生物，培养制成的含有多种微生物、酶和化学物质的曲块，大曲曲块比小曲大。大曲中的主要微生物是霉菌、酵母菌、细菌和放线菌。

小曲是以大米粉、米糠等为原料，用母曲接种、培养制成的曲块、曲丸或散曲。小曲中的主要微生物是霉菌和酵母菌。

麸曲是以麸皮为原料，接种纯种霉菌菌种人工培养而成的散曲。

白酒固态发酵一般在窖池或发酵缸中进行。埋在地下的发酵缸称为地缸。

白酒种类繁多，迄今为止，具有代表性的香型有12种，分别是浓香型白酒、清香型白酒、酱香型白酒、兼香型白酒、米香型白酒、凤香型白酒、特香型白酒、药香型白酒、豉香型白酒、芝麻香型白酒、馥郁香型白酒和老白干香型白酒。

白酒的香型丰富多样，绝不是12种代表香型能够包含的。白酒的香型也是不断发展变化的，即便是同一香型的白酒，其风格也不一样，如泸州老窖、五粮液、古井贡酒、板城烧锅酒都是浓香型，其风味就有很大不同。景芝特酿和国井酒都是芝麻香型，现在分别称为芝香型和国井香。白酒香型未来的发展应该是百花齐放，和而不同。

白酒与白兰地、威士忌、伏特加、金酒、朗姆酒同属于六大蒸馏酒。白酒是六大蒸馏酒中历史最早、发酵周期最长、工艺最复杂、产量最大、国际化程度最低、生产国家最少（只有中国）的一种酒。

3 黄酒

黄酒是中国的国酒，是中国特有的一种非蒸馏酒，具有7000多年的历史，与啤酒、葡萄酒并称为世界三大古酒，在世界酿造史上独树一帜。黄酒酒性和顺、酒味纯美、酒体丰满，淋漓尽致地体现了华夏民族内在淳朴、寓刚于柔的文化精神。

国家标准GB/T 13662—2018定义黄酒为：以稻米、黍米、小米、玉米、小麦、水等为主要原料，经加曲和/或部分酶制剂、酵母等糖化发酵剂酿制而成的发酵酒。常言道，米为酒之肉，曲为酒之骨，水为酒之血。特有的原料，经由特有的工艺，方才酿得黄酒这一中华民族所特有的酒种。

黄酒的分类方式较多，包括按产品风格、按含糖量、按产地、按原料和酒曲、按生产工艺分类等。

黄酒按产品风格主要分为3种，分别为：①传统型黄酒，即以稻米、黍米、玉米、小米、小麦等为主要原料，经蒸煮、加酒曲、糖化、发酵、压榨、过滤、煎酒（除菌）、贮存、勾兑而成的口味清爽的黄酒；②清爽型黄酒，即以稻米、黍米、玉米、小米、小麦等为主要原料，加入酒曲（或部分酶制剂和酵母）为糖化发酵剂，经蒸煮、糖化、发酵、压榨、过滤、煎酒（除菌）、贮存、勾兑而成的口味清爽的黄酒；③特型黄酒，由于原辅料和（或）工艺有所改变，具有特殊风味且不改变黄酒风格的酒。

黄酒按含糖量从低到高可以分为4种，分别为：①干黄酒（总糖含量≤15g/L）；②半干黄酒（15g/L＜总糖含量≤40g/L）；③半甜黄酒（40g/L＜总糖含量≤100g/L）；④甜黄酒（总糖含量＞100g/L）。

黄酒按产地可分为绍兴黄酒、代县黄酒、房县黄酒、即墨老酒、兰陵美酒、龙岩沉缸酒等。湖北房县的洑汁、浙江义乌的丹溪红曲酒、上海崇明岛的上海老白酒和青草沙米酒等属于黄酒。

4 大曲酒

大曲酒是以大曲为糖化发酵剂酿造的白酒。按照曲的形态大小可以将酒曲分为大曲和小曲，其中大曲是传统白酒酒曲最具代表性的形态，其形状相对较大，一般呈砖状，使用时粉碎成曲粉。

大曲的典型生产流程如下：原料→润湿→堆积→粉碎→加水拌和→曲模压曲→曲室培养→翻曲→晾干→入库储藏→成品曲。不同地区、不同酒厂在大曲制作过程中对控温控湿及堆积与否的不同选择，成就了低温大曲、中温大曲和高温大曲的不同表现，由此为不同香型白酒的生产提供了风味的源动力。清香型白酒生产一般采用低温大曲，浓香型白酒生产一般采用中温大曲，酱香型白酒生产一般采用高温大曲，芝麻香型白酒生产一般采用高温大曲和麸曲。

以大曲为糖化发酵剂、以清糙或续糙为酿造工艺、以甑桶为蒸馏器具、以瓷坛或不锈钢为存储容器、以人工与计算机相结合的勾调技艺，最终赋予了大曲酒独有的浓、清、酱及其他香型。

汾酒、茅台酒、泸州老窖、五粮液、古井贡酒、洋河酒、老白干酒、二锅头酒、郎酒等都是大曲酒。

5 小曲酒

小曲酒是以小曲为糖化发酵剂酿造而成的白酒。小曲的制作原料为米粉或米糠，有的添加少量中草药或辣蓼粉为辅料，有的加少量白土（观音土）为填料，接入一定量的母曲，添加适量水制成坯，人工控温、控湿条件下培养而成。小曲主要用于生产米香型白酒、清香型白酒和豉香型白酒，其微生物主要是霉菌和酵母菌。与大曲相比，小曲的形态较小；小曲中微生物种类相对较少；酿造过程中小曲用量较少，发酵周期较短，出酒率较高。小曲酒主要集中在我国南方及西南地区。

小曲的典型生产流程如下：原料→浸泡→蒸粮→配料接种→制坯→入房培养→出房→干燥→成品曲。小曲酒在酿造过程中，用曲量在0.5% ~ 1%之间，其主要原因在于生产工艺中的“培菌”阶段可达到小曲扩大微生物培养的作用。目前，小曲种类繁多，按添加中药与否可分为药曲和无药曲；按用途可分为白酒曲和甜酒曲；按主要原料分为粮曲（全部为大米粉）和糠曲（加少量米粉，或全部为米糠）；按形状可分为酒曲饼、酒曲丸和散曲。代表品种为四川无药糠曲、邛崃米曲、厦门白曲、桂林药小曲和广东酒饼曲等。

小曲酒按生产工艺、曲料、原料的不同可以分为三类：第一种以大米为主要原料，小曲为糖化发酵剂，原料在液态状态下边糖化边发酵，液态蒸馏，此为豉香型白酒的生产工艺；第二种以大米为原料，小曲为糖化剂固态培菌，液态发酵，液态蒸馏，此为米香型白酒的生

产工艺；第三种以高粱、玉米、小麦等多种粮食为主要原料，小曲为糖化发酵剂固态培菌发酵，固态蒸馏，此为川法小曲白酒的生产工艺。小曲白酒具有醇厚柔和、纯净回甜、酒体纯净的特点，是露酒的良好基酒。

毛铺苦荞酒、桂林三花酒、广东玉冰烧酒和长乐烧酒、重庆江小白酒等都是小曲酒。

6 麸曲酒

麸曲酒是以纯种培养的麸曲及酵母菌为糖化发酵剂酿造而成的白酒。麸曲是以麸皮为载体，经蒸熟灭菌、摊晾、接种纯种菌株，经人工控温、控湿培养而成。其接种的主要微生物是霉菌。麸曲主要起糖化作用，酿酒时需要与酵母菌（纯种培养酒母）混合进行发酵。

麸曲的典型生产流程如下：纯种菌株→试管培养→小三角瓶培养→大三角瓶放大培养→种曲培养→麸曲培养。常见的麸曲培养方法有曲盘法、帘子法和通风法三种。麸曲可用于几乎所有香型白酒的生产，麸曲法白酒生产的典型特点是发酵时间短，粮食利用率高，出酒率可达70%以上。麸曲技术1955年通过《烟台白酒酿制操作方法》而广为推广。但由于纯种麸曲酿造白酒风味不够丰满，生产过程中一般采用大曲与麸曲结合的酿造工艺，以保障酒体风格的丰满和完善，如芝麻香型白酒多以大曲和麸曲混合作为糖化发酵剂。

随着对白酒认识的不断完善和技术手段的日益进步，麸曲接种的纯种菌株也从霉菌扩展到细菌和生香菌。麸曲法尤其适合在北方寒冷地区生产优质白酒。

景芝酒、扳倒井酒、梅兰春酒、内蒙古草原王酒等生产中都使用了麸曲。

7 混合曲酒

混合曲酒是以两种以上曲为糖化发酵剂酿造而成的白酒。混合曲由两层含义构成：一是传统意义上的混合曲，即“大曲-小曲”结合和“大曲-麸曲”结合；二是近些年出现的复合功能曲，即直接接种多种酿酒功能微生物的酒曲。

“大曲-小曲”混合曲酒是以高粱、玉米、小麦等多种粮食为原料，大曲、小曲混合使用，大曲有利于风味物质生成，小曲有利于增强糖化发酵力，充分发挥两种曲的优势。董香型白酒就是采用这种生产工艺。

“大曲-麸曲”混合曲酒的工艺在清香型、芝麻香型和酱香型白酒生产中均有应用。清香型白酒是采用向大曲发酵完毕后的丢糟中加入麸曲发酵；芝麻香型白酒是采用麸曲占90%、大曲占10%的方式共同发酵；酱香型白酒是采取前大曲、后麸曲接力发酵的方式。“大曲-麸曲”混合曲可以弥补纯种麸曲发酵口味寡淡、细腻感不足的缺点。

复合功能曲是通过对微生物进行定向选育及培养，选择蛋白酶活力、淀粉酶活力、产酒及产香能力强的多种单一菌株（包括霉菌、酵母菌和细菌等），应用现代生物学技术，混菌培养、麸曲扩大，最终用于白酒的酿造。

董酒、洋河绵柔型白酒、景芝酒、扳倒井酒等都是混合曲酒。

8 固态法白酒

中华人民共和国国家标准GB/T 15109—2021对固态法白酒的定义是：以粮谷为原料，以大曲、小曲、麸曲等为糖化发酵剂，采用固态发酵法或半固态发酵法工艺所得的基酒，经陈酿、勾调而成的，不直接或间接添加食用酒精及非自身发酵产生的呈色呈香呈味物质，具有本品固有风格特征的白酒。

固态法白酒的生产方法主要为固态发酵法和半固态发酵法。世界六大蒸馏酒中，白酒是唯一存在固态法生产的蒸馏酒。

固态发酵法是以高粱、大米（籼米、粳米、糯米）、玉米、小麦等粮谷为原料，将粮食加水蒸煮，待粮食冷却后加入酒曲拌匀放入窖池。在窖池中，大曲、小曲或麸曲将粮食中的淀粉转发为糖（即糖化），糖再发酵成酒。之后，对发酵后含有酒的粮食（即酒醅）通过甑桶蒸馏蒸得原酒。原酒经贮藏陈酿、精心勾调，最终成为固态发酵法生产的商品酒。

中国传统的浓香型白酒、酱香型白酒、清香型白酒、兼香型白酒、凤香型白酒、老白干香型白酒、芝麻香型白酒、药香型白酒、特香型白酒、馥郁香型白酒等都是经固态发酵法生产的固态法白酒。

半固态发酵法分为先培菌糖化后发酵法和边糖化边发酵法两种方法。

先培菌糖化后发酵法是米香型白酒典型的生产工艺。以大米为原料，加水浸泡后，蒸煮糊化，通风冷却至适温，加小曲混匀入缸进行

固态培菌糖化，前期是固态。发酵18 ~ 24小时后，加水进行液态发酵，后期是半液态发酵，周期为5 ~ 7天。广西桂林三花酒和全州湘山酒是这种工艺的典型代表。

边糖化边发酵法是豉香型白酒典型的生产工艺，属于传统液态发酵法。豉香型白酒是从米香型白酒分离出来的香型，其生产工艺与米酒不同之处在于蒸米与小曲混匀后，直接放入装有清水的埕同时进行糖化和发酵。广东玉冰烧酒是这种工艺的典型代表。

由于其独特的全开放式生产工艺，参与酿酒的微生物的多样性使固态法白酒含有丰富的微量成分，这些微量成分也是决定白酒香气、口感和风格的关键因素。

9 液态法白酒

国家标准GB/T 15109—2021对液态法白酒的定义为：以粮谷为原料，采用液态发酵法工艺所得的基酒，可添加谷物食用酿造酒精，不直接或间接添加非自身发酵产生的呈色呈香呈味物质，精制加工而成的白酒。

液态白酒和固态白酒只是工艺不同而已，不能作为区分酒好坏的标准。液态法白酒也是纯粮食酒，只不过是通过液态发酵法生产。中国白酒12种代表香型之一的豉香型白酒采用的就是液态发酵法。

液态发酵是现代先进工艺技术，液态法白酒是白酒发展的重要方向之一，相对于传统固态法发酵，液态发酵在生产机械化、自动化、智能化和出酒率等方面更具有优势，综合成本更低。白兰地、伏特加、威士忌等世界著名蒸馏酒均采用液态发酵法酿造。

10 原浆酒

原浆酒，又名原酒（基酒），是指经发酵、蒸馏而得到的未经任何处理的白酒。

原浆酒不宜直接饮用。一是原浆酒度数普遍较高，一般酒精度为55° 到75° ；二是新蒸馏出的原浆酒香味并不协调，辣燥感较强，均需进行老熟。老熟不仅能让酒中刺激性大的低沸点物质自然挥发，让酒中的乙醇分子与水分子缔合，进而降低乙醇分子的活度，还能使醇与醛、酸等物质之间发生微妙的化学变化，生成新的风味物质，使得

白酒口感变得醇厚柔和。

原浆酒也分等级，一般分为酒头、酒中、酒尾三部分。酒头即蒸馏初期截取的酒水混合物，酒精度较高；酒中即蒸馏中期截取的酒水混合物，酒的质量较好；酒尾即蒸馏后期截取的酒水混合物，酒精度较低。

市场上的“原浆酒”，均是通过基酒勾调而成的商品白酒，并非严格意义上的原浆酒。不过，相较于原浆酒，商品酒酒体更加协调，口感更舒适。

11 白酒的勾调

商品白酒都是按照品牌和品质的要求，用不同批次、不同年份的基酒勾调而成的，并加水稀释到相应的酒度。

在白酒行业中，“勾兑调味”简称“勾调”，是一个专业术语。国家标准GB/T 15109—2021《白酒工业术语》中，对“勾兑调味”一词作了定义：把具有不同香气、口味、风格的酒，按不同比例进行调配，使之符合一定标准，保持成品酒特定风格的生产工艺。

无论是传统固态发酵法生产的白酒，还是其他发酵法生产的白酒，由于原料、环境、时间等因素的影响，每个窖池所产酒的质量存在差别。即使是同一个窖池，不同季节、不同发酵时间、不同班组所酿造的酒质量也会有所不同，如果不经过勾调，每坛酒分别包装出厂，酒的质量极不稳定。而我们平时喝的同品牌同系列的酒，感觉又都几乎一样，这就是勾调的功劳。

酒厂为了统一酒质和标准，并符合品牌的传统风格，主要是通过勾调技术，使白酒的“色、香、味、格”达到协调与平衡。

“勾调”绝非加入食用酒精、食用香精和水进行调配，白酒中是不允许加食用香料和食用香精的。“勾调”是将不同批次、不同酒龄、不同口感的白酒按照一定的品质要求进行配比、降酒度、调味。商品固态法白酒，勾调过程中所使用的白酒均是通过传统酿造生产的。

白酒中约98%的成分是乙醇和水，2%左右是微量成分，这些微量成分含量虽少，却决定着白酒的风格和质量。不同批次、不同酒龄

的酒中微量成分不一样，通过勾调，使酒中各种微量成分配比适当，达到该种白酒标准要求或风格特点。

“勾调”是白酒酿造生产中不可或缺的工艺流程之一，消费者喝到的市场上任何商品白酒都是勾调过的。白酒业内有“生香靠发酵，提香靠蒸馏，成型靠勾调”的说法，可以说勾调技术是白酒生产的画龙点睛之笔。

传统的“勾调”都是调酒师依靠丰富的经验和创造性的试验完成的。随着白酒化学研究的深入和人工智能技术的快速发展，采用人工智能技术进行勾调将大大提升“勾调”效率和白酒质量稳定性。

12 窖池

窖池是固态法白酒酿造过程中发酵容器的一种，也就是粮食糖化发酵的场所。窖池通俗点讲就是在地上挖的坑，坑里填埋进粮食进行糖化发酵，发酵后的粮食挖出来进行蒸馏得到的就是白酒。

这个“坑”的建造讲究地势、土质等先天条件，采用的材质在我国各地因地制宜而有不同材料。一般说来浓香型白酒的窖池是泥窖，“坑”的底部和周围都糊上黄泥；酱香型白酒的窖池是石窖，“坑”的四壁由石块砌成，窖底铺黄泥；清香型白酒的窖池可以是水泥窖、砖窖。

做浓香型白酒的常讲“千年老窖万年糟，酒好全凭窖池老”，酒厂对自家的老窖都相当看重，有的老窖有几百年的历史。窖池的窖泥中富集了长期驯化的种类和数量繁多的酿酒微生物，这些微生物将粮食

中的淀粉、蛋白质等物质转变成酒精以及各种呈香呈味物质。窖池使用时间越长，其中微生物菌落越多，越稳定，对于窖池环境也更适应，能在酿酒过程中发挥出最佳作用。采用这样窖池生产出的白酒中微量成分多，酒品质也越稳定。

这里我们不难看出，酒窖之所以这么重要而神秘，除了提供粮食发酵的场所之外，更关键的是提供了一些必需的微生物。如果我们通过现代科技搞清楚酒窖中微生物的奥秘，什么容器都可以变成酿制美酒的温床。

13 地缸

地缸也是白酒发酵容器的一种，顾名思义是埋入地下的瓷缸，主要用于清香型白酒和老白干香型白酒的生产。从白酒生产历史来看缸比窖池的使用历史更久，主要在大陆性气候明显的地区使用。清香型白酒的典型代表汾酒和老白干香型白酒的典型代表衡水老白干都是采用地缸发酵的，所用地缸尺寸一般是深度1.2m、直径0.8m。

酿酒原料发酵过程中温度、湿度的变化会对微生物的繁殖代谢产生重要的影响，从而影响香味物质的产生。采用地缸进行发酵是古代劳动人民因地制宜的智慧创造。地缸可以对放入其中的酒醅起到保温

作用，同时地缸适当的透气性又有利于土壤中微量的氧气进入缸内帮助兼性微生物的快速繁殖。随着发酵的进行，酒醅的温度逐渐升高，这时地缸又可以将热量传导给大地，以免过高的温度抑制微生物的活性。发酵后期温度下降，此时地缸和大地又再次起到保温作用，防止酒醅温度下降太快而降低微生物活性。可以说地缸对实现发酵过程所需的“前缓、中挺、后缓落”的温度要求有非常大的帮助。同时与泥窖相比，由于地缸将酒醅和土壤隔离开来，土壤中的杂菌不会对酒醅造成影响，更有利于实现清香型白酒清香纯正、余味爽净的风格特点。

14 桃花瓮

瓮是一种陶制盛器，多用于盛粮食和水，也是酿酒的传统容器。《说文解字》中解释说“酉”最早的意思就是酒，因其形似酿酒用的瓮。苏东坡的《蜜酒歌》中以“一日小沸鱼吐沫，二日眩转清光活，三日开瓮香满城，快泻银瓶不须拨”描述了他酿酒的过程，采用的酿酒容器就是瓮。

景芝镇是山东省三大古镇之一，也是酿酒名镇，有“秋收，冬藏，春开窖”的酿酒传统，使用一种独特的粗砂大瓮作为酿酒容器，这种瓮具有一定的通透性，利于瓮中酒醅和外部环境进行气体和热量的交换。古时候，景芝镇盛行酿酒，作坊林立，讲究遵循时令，与天地同酿。酿酒师在秋收季节选取优质粮食制作酒醅，冬天把酒醅埋入土池里发酵，利于保湿保温，到了春天自然界万物复苏，微生物繁殖也旺盛，再将酒醅移入陶制大瓮，使酒醅发酵温度满足“前缓、中挺、后缓落”的发酵规律，有利于提高酿酒质量。到了桃花盛开时节，开瓮蒸酒，此时所酿之酒酒香扑鼻，饮之怡人，史称“桃花瓮”酒。

至今景芝镇还保留有南校场烧锅遗址，是当年景芝“七十二烧锅”之一，展示了旧时石磨粉碎、人工踏曲、天锅蒸馏等古法工艺，更是完整保存了古时景芝镇酿制桃花瓮酒的陶瓮，让今人得以领略明清时代桃花瓮酒酿制的风采。

15 甑桶

甑桶，是中国传统固态发酵法白酒生产中的固态蒸馏装置。所谓“生香靠发酵，提香靠蒸馏”，蒸馏是将酒醅中的酒精和其他香味成分提取出来得到白酒的重要步骤，甑桶的重要性不言而喻。

同世界上其他蒸馏酒的蒸馏器相比，甑桶专门用于固态酒醅的蒸馏，设计上显得尤为特别。传统的甑桶是木头制的，如今则多是采用不锈钢。甑桶由桶身、甑盖、底锅组成。底锅内放入黄水酒尾等，用来提供蒸酒的蒸汽。底锅上方为锥台形桶身，桶身的上口直径约2m，底口直径约1.8m，高约1m，像一个巨大的花盆。底锅和桶身中间隔有筛板。蒸酒时，酒醅被均匀填入桶内的筛板之上，在底锅蒸汽的作用下，甑内酒醅的温度不断升高，不同层醅料中的挥发性组分经过不断地汽化、冷凝、汽化的过程而达到浓缩提取的效果。酒精含量只有4%左右的酒醅经过蒸馏浓缩可以形成酒精度60%左右的原酒，同时微生物发酵产生的众多微量挥发性成分和极少量不挥发的成分也会被提取到蒸馏出的原酒当中。在甑桶蒸馏的过程中，装甑时的技术、酒醅的松散程度、蒸汽量的大小等都对出酒的品质有非常大的影响，可以说蒸酒是个要求极高的技术活儿。

甑桶除了蒸酒之外，也用来蒸粮。根据不同白酒生产工艺的要求，有的是单独蒸粮，有的是粮食和酒醅一起蒸。蒸粮是为了将粮食原料中的淀粉进行糊化以及杀菌，以利于后期入窖发酵。甑桶蒸馏作为白酒传统固态酿造的蒸酒器，其蒸馏效率并不是很高，白酒生产的现代化发展还需要人们在继承传统工艺的基础上进一步研发更高效的蒸馏设备和方法。

16 酒海

古时候，人们把容量很大的酒器称为酒海。唐代诗人白居易《就花枝》中就有“就花枝，移酒海，今朝不醉明朝悔”的描述。《汉语大词典》中也解释说因其盛酒量多，故称“海”。其实除了泛指饮酒用的酒器，酒海还是一种有近千年历史的独特贮酒容器。

酒海是外部以荆条、藤条编成大篓，或以木头制成箱状，内部用“血料”和纸或者布一层一层进行裱糊而成的。所谓血料，是用动物血（一般是用猪血）和石灰制成的一种具可塑性的蛋白质胶质盐，遇酒精即形成半渗透的薄膜，这种薄膜可以透气，但是液体不能透过。借助于其半透膜的特性，酒海可以保障酒与外界进行气体交换的同时又不会漏酒，非常神奇。气体交换会影响酒中氧化还原、分子缔合、酯化等反应的速率，对白酒的老熟发挥着独特功效。酒海内部涂层材料在贮存过程中的少量溶解也会对白酒的风格有一定影响。

酒海是我国古代劳动人民智慧的结晶，其贮酒量小的有数百公斤，大的可以达十几吨，是世界酿酒行业传统贮酒单体最大的容器。现存最著名的酒海是陕西西凤酒厂的西凤酒海，2017年西凤的12个老酒海还被认定为文物。

西凤的酒海外部看起来是一种用荆条编制而成的大酒篓，直径一般2 ~ 2.5m，形状像一个巨大的酒坛。西凤酿酒师在入秋后采集秦岭山脉中的荆条，在其中大部分水分尚未消失前编成大篓，内壁以血料、石灰等作为黏合剂用白棉布裹糊，然后用麻纸裱糊，需要使用上百层

麻纸，每一层的裱糊均要在上一层麻纸自然晾干之后再进行，最后用蛋清、菜籽油、蜂蜡等以一定比例涂抹表面，使其平整光滑、密实无隙。糊好的酒海要自然晾干到第二年的二月二之后才可以使用。容量更大的酒海可能需要几年的制作时间。

除西凤外，目前使用酒海进行贮酒的还有辽宁山雁酒、陕西太白酒、甘肃金徽酒、吉林大泉源酒等。

青海互助青稞酒股份有限公司也是采用酒海贮存青稞酒。

17 酒坛

酒坛是中国使用最普遍的一种贮酒容器，其使用历史与中国酒的历史同样悠久。早期的酒坛是陶制的，现在的酒坛都是瓷制的。虽然科技发展到今天，瓷坛相对于不锈钢罐来说成本较高，占用空间大，但由于瓷坛透气性能好，保温效果好，且其中含有的微量元素还会对白酒老熟有促进作用，瓷坛仍是名优白酒厂最为钟爱的白酒基酒贮存容器，新蒸出来的原酒一般会在瓷坛中进行数年的自然老熟后再进行勾调灌装。

除了白酒和黄酒生产厂家用于贮存原酒的大酒坛外，日常百姓的生活中也有着各式各样的小酒坛。由于本身独特的文化底蕴，酒坛同时也是中国酒文化的一个重要组成部分。酒坛上可以集书法、绘画、风情典故和陶瓷艺术等于一体，体现各种酒文化、吉祥文化、地域文化等。当人们将具有吉祥寓意的形态绘制到酒坛上，酒也就被赋予了各种吉祥的含义。比方说葫芦因为读音与“福禄”相近，且葫芦里种子多也有“多子多福”的寓意，所以葫芦不仅经常被绘制在酒坛上，人们也会制造葫芦造型的陶瓷酒坛，来表达人们的美好祝愿。

18 酒器

酒器是指饮酒用的器具。现代生活中，饮用白酒最常见的器具是玻璃或瓷制成的小型分酒器和酒盅。历史上，从新石器文化时期的陶器，到商周时期的青铜器、汉代的漆器，再到隋唐时期的瓷器，随着酿酒业的发展和社会发展，酒器经历了非常多的变化，有着各种形态。从原材料来讲酒器可以分为动植物材料制（如兽角、葫芦）、陶制、青铜制、瓷制、漆制、金银制、玉制、水晶制、玻璃制、塑料制等。从用途上还可以细分为盛酒器、温酒器和饮酒器等。

远古时期一器多用是很普遍的，最早的酒器跟一般的食具没有太大差别，多是碗、钵这样的大口器皿。新石器龙山文化时期开始已经出现了陶制的专用酒器。到了商周和春秋战国时期，由于青铜器制作技术的提高，青铜酒器达到前所未有的繁荣。我们今天能在博物馆里看到的古代酒器文物的精美和分类之多常常令人惊叹，它们不仅外形造型独特，而且每一个盛酒器的表面都装饰有精美的花纹和饕餮纹，艺术价值极高。盛酒器有尊、壶、鉴、斛 [hú]、觥 [gōng]、瓮、瓿 [bù]、斝 [jiǎ]、盉 [hé]、彝 [yí] 等。其中斝和盉不仅可用作盛酒，也是温酒的器具。爵、觥、觯 [zhì]、觚等是用来饮酒的。不同的场合、时令、宾客配有不同的酒器和仪规，如《礼记 · 礼器》篇明文规定："宗庙之祭，尊者举觯，卑者举角。"

木漆制品的酒器则是秦汉时期较为常见的酒器，它不像陶器那样易碎，也没有青铜器的制作那样复杂，但缺点是只能用于饮酒，不适合温酒或盛酒。瓷制酒器最早在商周时期就出现了，但是制作比较原始，在汉代得到快速发展，由于其成本低、坚实耐用，极大地推动了酒器的制作，并在之后很长时间一直占据酒器制作的主导地位。明清时期是中国瓷制酒器发展的最高峰，数量和质量都达到了前所未有的高度。玉制、金制酒器则因其原材料的珍贵，从古代到清末一直都是上层社会的专用品，数量上也很稀有。

时代发展到今天，物美价廉的玻璃酒器成为主导。瓶是当今盛酒器中最为常见的一种，包装白酒常用的除了玻璃瓶外还有瓷瓶，各个白酒品牌根据自己的产品特色和文化会有不同的设计。饮酒器按照各地饮酒习俗的不同，有杯、盅、盏、碗等。酒器的丰富对酒文化的发展有重要的促进作用，每种酒器的产生，都是与其所处时代的经济发展水平和工艺水平相关联的。无论哪一种，都是劳动人民智慧的结晶。

二 历史篇

19 中国酒的历史

中国酒的历史悠久，是世界上酿酒最早的国家之一。中国酿酒技术可以追溯到9000年前的贾湖文化时期，所用原料包括大米、蜂蜜、葡萄和山楂等。最早的酒应当是米酒、果酒和蜂蜜酒。中国酒的历史比传说中的“仪狄造酒”“杜康造酒”的年代更久远。

世界啤酒的历史有8000多年，最古老的酒类文献是公元前6000年左右巴比伦人用黏土板雕刻的献祭用啤酒制作法。中国啤酒的酿造技术可能始于5000年前，是在对西安米家崖遗址出土的疑似酒器的陶器器物内壁残留物的研究分析中发现的。

中国黄酒的历史约有7000年。浙江省余姚市河姆渡镇河姆渡遗址考古发掘，出土了大量人工栽培的稻谷和类似酒器的陶器，证明黄酒的历史约有7000年。

世界葡萄酒的历史至少有7000年。中国新疆的慕萨莱思是中国最古老的葡萄酒，距今有3000多年的历史。王翰《凉州词》“葡萄美酒夜光杯，欲饮琵琶马上催”中的“葡萄美酒”应该就是慕萨莱思。

中国白酒的历史有2000多年，汉代海昏侯墓出土的蒸酒器给出了有力证据。

世界上考古发现的最早的实物酒是伊朗撒玛利出土的葡萄酒，距今3000多年；中国发现的最古老的实物酒是西安出土的汉代御酒，属于粮食酒。

米酒、黄酒、白酒都是中国特有的酒种，其发明的顺序是先有米酒，再有黄酒，而后是白酒。期间的时间间隔是很漫长的。9000多年前发明了米酒；而后经过2000年左右的发展，米酒过滤后就有了黄酒；又过了5000年左右，发明了蒸馏器，黄酒经过蒸馏后出现了酒度更高的白酒。

中国甲骨文中早就出现了酒字和与酒有关的醴、尊、酉等字，可以佐证酒的存在之久。文史中关于酒的记载更是不胜枚举，中国第一部诗歌总集《诗经》中有“八月剥枣，十月获稻。为此春酒，以介眉寿”（《诗经 · 七月》）和“即醉以酒，即饱以德”（《大雅 · 即醉》）的诗句。说明中国酒文化的历史同样悠久。

20 中国黄酒的历史

黄酒是世界历史最悠久的传统酿造酒之一，与啤酒、葡萄酒并称为世界三大古酒，而唯有黄酒源于中国、兴于中国。

有关黄酒的起源，有多种说法。一说有仪狄造酒的，一说有杜康造酒的，亦有始于黄帝时期的说法，更有神话色彩的说法是："天有酒星，酒之作也，其与天地并矣。"在学术上公认的，则是我国晋代学者江统提出的"空桑偶得"自然发酵学说。西晋官员江统在《酒诰》一文中写道："酒之所兴，肇自上皇，或云仪狄，一曰杜康。有饭不尽，委余空桑，郁积成味，久蓄气芳，本出于此，不由奇方。"即人们无意中将剩饭倒在树丛中，稷米麦饭和在一起，经自然发酵便产生了酒。

距今7000年前河姆渡遗址出土的泥陶鸟型盉

（注：盉，中国古代盛酒器，是古人调和酒、水的器具，用水来调和酒味的浓淡）

粮食的剩余是黄酒产生的必要条件。浙东河姆渡文化遗址出土的大量人工栽培的稻谷和类似酒器的陶器，证明了最初谷物酒酿造的起源距今至少有7000年的历史。黄酒有正式文字记载的历史是在《诗经》中，有50多篇关于种稻、酿酒和饮酒的记述，距今2800多年。越王勾践时期，也有许多关于黄酒的文字记载，如,《国语·越语》记载到："生丈夫，二壶酒，一犬；生女子，二壶酒，一豚。"这是越王为了增加国家人口以补充兵力和劳力，曾采用过的奖励生育的政策和措施。《吕氏春秋·季秋纪·顺民》中记载到："有甘脃不足分，弗敢食；有酒流之江，与民同之。"体现了越王欲深得民心的决心。《吴越·春秋》中记载到："臣请荐脯，行酒二觞""觞酒暨升，请称万岁"。可见在春秋时期，黄酒已经被用在国家隆重典礼之上。《汉书·食货志》记载到："一酿用粗米二斛，曲一斛，得成酒六斛六斗。"这是世界现存的有关酿酒原料和成品比数的最早记录。

黄酒发展至今，产地较广，品种众多。著名的产区包括浙江省、江苏省、福建省、上海市、湖北省、山西省、山东省等。

21 中国白酒的历史

白酒也叫烧酒，是中国独有的一种蒸馏酒。蒸馏酒是由原发酵产物蒸馏得到的、酒浓度高于原发酵产物的含酒精饮料，如白酒、威士忌、白兰地、伏特加等。

蒸馏酒的历史与蒸酒器的发明和使用密不可分。最早的蒸馏酒是古代爱尔兰和苏格兰人在公元前发明的，当时使用的是陶制蒸馏器，这是威士忌酒的起源。

中国白酒的历史众说纷纭。比较著名的有元代说、宋代说、唐代说、东汉说等。实质上，中国白酒的历史比上述观点还要久远，可以追溯到西汉年间，距今有2000多年。

毫无疑问，白酒的出现也离不开蒸酒器的发明和使用。

海昏侯为西汉所封爵位，共世袭4代（公元前68年—公元8年）。2011年在江西省南昌市新建区发现了第一代海昏侯刘贺（公元前92年—公元前59年）的墓，在墓葬酒库中出土了一件青铜蒸馏器，由铜釜和甑桶两部分构成，器体较大，构造原理与传统白酒甑桶蒸馏所用蒸馏器类似。由于它出土的位置在墓葬酒库中，用它来蒸酒的可能性比其他用途可能性都要大。

在海昏侯时期，西方最早的蒸馏酒威士忌已经出现，而中国的黄酒也已经有了7000年的生产历史，在此基础上，海昏侯的蒸馏器用来蒸白酒就不难理解了。

22 楚汉相争与鸿门宴

鸿门宴是中国历史上著名的一次酒局，发生在公元前206年秦末农民战争及楚汉相争期间，地点在秦代都城咸阳郊区的鸿门堡村，设宴者是楚军首领楚霸王项羽，赴宴的是汉军首领沛公刘邦。项羽的亚父范增主张并计划在宴会上杀死刘邦，但刘邦按照他的谋士张良的计策，拜见项羽时主动赔礼道歉、示弱示好。酒宴上，范增一再示意项羽发令刺杀，但项羽碍于面子犹豫不决。无奈之下范增找来项庄舞剑助兴，企图趁机把刘邦杀死在座位上。情急之中，项羽的叔叔项伯拔剑与项庄共舞，并且用身体保护刘邦，使项庄无法行刺，最终使在宴会上谋杀刘邦的计划没能得逞。刘邦则在樊哙等人的护卫下，席间不辞而别，脱身而去，只留下张良献上礼品并道歉。

鸿门宴后，刘邦发动了长达四年的楚汉战争，由弱到强，反败为胜，最终打败了楚霸王项羽，建立了汉朝，成了汉代的开国皇帝汉高祖。后世英雄豪杰常将项羽当作反面典型来鞭策自己，如毛泽东在他的《七律 · 人民解放军占领南京》中就写道："宜将剩勇追穷寇，不可沽名学霸王。"

现在人们常用"鸿门宴"来比喻不怀好意的酒宴。值得一提的是"鸿门宴"还衍生出了几个汉语成语，如"秋毫不犯""劳苦功高""约法三章""人为刀俎我为鱼肉""项庄舞剑意在沛公""四面楚歌"等。

23 赵匡胤杯酒释兵权

“杯酒释兵权”发生在宋代初期。赵匡胤本是后周将领，960年与赵普密谋策划在陈桥驿发动了兵变，众将以黄袍加在赵匡胤身上，拥立他为皇帝，史称“陈桥兵变”或“黄袍加身”。随后，赵匡胤挥师京城开封，守城禁军高级将领石守信、王审琦等打开城门迎接赵匡胤入城，迫使后周皇帝周恭帝禅位，赵匡胤改国号为“宋”，建立了宋朝。

宋朝刚建立，宋太祖赵匡胤就吸取了后周灭亡的教训，加强了对禁军的控制，并采取了一些措施加强了中央集权。起初，宋太祖对石守信等将领并没有介意，但丞相赵普不断提醒他，要记住“陈桥兵变”的教训，防止将领也像他自己那样被迫“黄袍加身”起兵篡权。这引起了赵匡胤的高度警觉，他也反思了唐末以来藩镇权利太重，君弱臣强，五代十国数十年间帝王换了八姓十二君的历史教训，随即导演了一个千古传奇的解除将领兵权的历史剧。

建隆二年（961年）七月初九日晚朝后，宋太祖把石守信、高怀德等禁军高级将领留下来喝酒，酒宴上宋太祖对这些将领威胁利诱双管齐下，迫使石守信、高怀德等将领第二天就主动上表称自己有病，要求解除兵权。宋太祖则是顺水推舟，欣然同意解除了他们的兵权，也兑现了自己的承诺，让他们到地方上任职，并享受荣华富贵。因为是在酒席上和平解除的兵权，所以史称“杯酒释兵权”。

现在“杯酒释兵权”作为成语，指轻而易举地解除将领的兵权。

24 四渡赤水与茅台酒

赤水河是长江上游支流，古称大涉水、安乐水、赤虺河，发源于云南省镇雄县，流经川、滇、黔三省，经贵州省赤水市至四川省泸州的合江县汇入长江，全长523km。

赤水河也是美酒河。赤水河流域自古盛产美酒，中国两大酱香型白酒茅台酒和郎酒就产自赤水河两岸。“酒冠黔人国，盐登赤虺河”（清·郑珍《茅台村》)。“于今好酒在茅台，滇黔川湘客到来。贩去千里市上卖，谁不称奇亦罕哉”（清·张国华《茅台村竹枝词》)。

四渡赤水战役，是1935年1月15日至17日遵义会议之后，中央红军在长征途中进行的一次具有决定性意义的运动战战役。四渡赤水是毛泽东一生中的“得意之笔”，在中国革命历史上具有重要地位。四渡赤水进一步确立和巩固了毛泽东在党内和红军中的领导地位，彻底改变了中央红军长征初期的被动局面，为长征取得胜利奠定了基础。

四渡赤水战役历时三个月时间，中央红军转战的川黔滇边境区域，正是中国白酒金三角地区。中国白酒金三角地区由四川省的泸州市、宜宾市和贵州省的遵义市组成，茅台、习酒、泸州老窖、郎酒、五粮液、剑南春、沱牌、水井坊等名酒都产自该地区。郎酒的产地泸州市古蔺县二郎滩镇是四渡赤水二渡和四渡的地方，茅台酒的产地茅台镇是四渡赤水三渡的地方。

中华人民共和国成立以后，周恩来将茅台酒定为国宴用酒与四渡赤水红军到过茅台镇紧密相关。周恩来1972年宴请尼克松时说过：

“红军长征的胜利，也有茅台酒的一大功劳。”红军长征路过茅台镇，曾经用茅台酒清洗伤口、消炎御寒，会喝酒的过了一次酒瘾，不会喝的也装上一壶，行军中用来搓脚、活血解乏。陈毅1952年在南京用茅台酒宴请黄炎培时所作的诗也证明了这一点：“金陵重逢饮茅台，万里长征洗脚来。”

作者2015年10月在中国延安干部学院学习时所写的《延安抒怀》中对四渡赤水与茅台酒、郎酒也有描述：“遵义扩大会，润之进常委。四渡赤水河，美酒传佳话。仁怀赤水畔，茅台酒飘香。泸州二郎镇，郎酒美名扬。泸州是酒城，朱德命的名。质优产量大，名酒遍天下。白酒实在好，官兵视为宝。行军太疲劳，用来搓搓脚。”

25 八大名酒

八大名酒是1952年在第一届全国评酒会上诞生的，包括4种白酒，1种黄酒，2种葡萄酒，1种果露酒。

从古至今，酒一直是国民经济和国家税收的重要支撑。1949年中华人民共和国成立时，国家经济千疮百孔，各行各业百废待兴。为振兴酿酒工业，由周恩来总理亲自倡导，1952年中国专卖事业总公司在北京举办了第一届全国评酒会。当时汇集了全国103种酒，包括白酒19种，葡萄酒16种，白兰地9种，配制酒28种，其他酒24种，药酒7种。大会制定了入选优秀产品的四个条件：

（1）品质优良，并符合高级酒类标准及卫生指标；

（2）在国内获得好评，并为全国大部分人所欢迎；

（3）历史悠久，还在全国有销售市场；

（4）制造方法特殊，具有地方特色，它还不能仿制。

根据北京试验厂（北京酿酒总厂，现北京红星股份有限公司）研究室的分析数据，对照入选条件，结合专家推荐，评选出了八大名酒，具体名单如下：

类别	产品名称	企业名称
白酒	茅台酒	贵州省茅台酒厂
	泸州老窖特曲	四川省泸州曲酒厂
	汾酒	山西省汾阳杏花村酒厂
	西凤酒	陕西省西凤酒厂

续表

类别	产品名称	企业名称
黄酒	绍兴加饭酒	浙江绍兴酒厂
葡萄酒	玫瑰香红葡萄酒	山东烟台张裕酿酒厂
	味美思酒	山东烟台张裕酿酒厂
果露酒	金奖白兰地酒	山东烟台张裕酿酒厂

上述四大白酒，即为中国白酒最早的“四大名酒”。第一届全国评酒会不仅为评酒奠定了良好基础，而且评选出的八大名酒对推动生产、提高产品质量起到了重要作用。

26 八大名白酒

八大名白酒来源于第二届全国评酒会，包括：五粮液、古井贡酒、泸州老窖特曲、全兴大曲酒、茅台酒、西凤酒、汾酒、董酒。

1963年10月，由轻工业部食品工业局主持，在北京举办了第二届全国评酒会。为搞好这次评酒工作，各省、自治区、直辖市根据轻工业部的要求，评比的酒样都经过认真的遴选，推荐选送的样品代表市场销售的商品。经省、自治区、直辖市轻工业厅、商业厅共同签封并且都报送产品小传。经过层层认真遴选，全国27个省、自治区、直辖市共115个单位推荐了196种酒，包括白酒、黄酒、葡萄酒、啤酒和果露酒五大类。

评酒工作是在评酒委员会领导下进行的，要求大会人员认真遵守执行评酒规则。评酒分白酒、黄酒、果酒、啤酒四个组分别进行品评，露酒中以白酒为基酒的酒由白酒组品评，以酒精为基酒的由果酒组品评。

会议上评酒委员独立思考，按百分制对酒的色、香、味打分，并写出了评语进行感官鉴定。采取密码编号，分组淘汰，经过初评、复评和终评，最后按得分多少择优推荐。

经15名白酒评委评选推荐，从75个白酒样品中，评选出名白酒8个，优质白酒9个。全国八大名白酒的具体信息如下：

序号	产品名称	生产单位
1	五粮液酒	四川宜宾五粮液酒厂
2	古井贡酒	安徽亳县古井酒厂
3	泸州老窖特曲	四川泸州曲酒厂
4	全兴大曲酒	四川成都酒厂
5	茅台酒	贵州茅台酒厂
6	西凤酒	陕西省西凤酒厂
7	汾酒	山西杏花村汾酒厂
8	董酒	贵州遵义董酒厂

第二届全国评酒会成立了白酒专业评比组，推荐了专业评委，实行了密码编号，产生了评酒规则及名优酒的管理办法，较之第一届，在科学性上有很大进步。

27 中国名优酒

1949年中华人民共和国成立以来，中国共举办了5届全国评酒会，国家优质酒的评选从第二届全国评酒会开始。

1963年，由轻工部主持在北京召开了第二届全国评酒会，从75个白酒样品中，评出国家名酒8个，国家优质酒9个。

1979年，由轻工部主持在辽宁省大连市举办了第三届全国评酒会，从106个参赛白酒样品中，评出国家名酒8个，国家优质酒18个。此次评酒会首次分香型、分酒度、分原料品种、分糖化剂进行评选。

1984年，由中国食品工业协会主持在山西省太原市举办了第四届全国评酒会，从148个参赛白酒样品中，评出国家名酒13个，国家优质酒27个。国家质量奖审定委员会将本届获得国家名酒称号的13种白酒授予了国家优质食品金质奖，获得国家优质酒称号的27种白酒授予了国家优质食品银质奖。

1989年，由中国食品工业协会主持在安徽省合肥市举办了第五届全国评酒会，从361个参赛白酒样品中，评出金质奖（国家名酒称号）17个、银质奖（国家优质酒称号）53个。本届评酒会不仅对上届名优酒进行了复查，而且对参赛酒样进行了新评。

历届全国评酒会获得国家名酒称号的产品信息如下：

序号	产品名称	香型	企业名称	届次
1	茅台酒	酱香	贵州茅台酒厂	①②③④⑤
2	汾酒	清香	杏花村汾酒总公司	①②③④⑤
3	泸州老窖特曲酒	浓香	泸州曲酒厂	①②③④⑤
4	西凤酒	其他香（现凤香型）	西凤酒厂	①②④⑤
5	五粮液酒	浓香	五粮液酒厂	②③④⑤
6	古井贡酒	浓香	亳州古井酒厂	②③④⑤
7	全兴大曲酒	浓香	成都全兴酒厂	②④⑤
8	董酒	其他香（现董香型）	遵义董酒厂	②③④⑤
9	剑南春酒	浓香	绵竹剑南春酒厂	③④⑤
10	洋河大曲	浓香	洋河酒厂	③④⑤
11	双沟大曲	浓香	双沟酒厂	④⑤
12	黄鹤楼酒	浓香	武汉市酒厂	④⑤
13	郎酒	酱香	古蔺郎酒厂	④⑤
14	武陵酒	酱香	常德武陵酒厂	⑤
15	宝丰酒	清香	宝丰酒厂	⑤
16	宋河粮液	浓香	鹿邑宋河酒厂	⑤
17	沱牌曲酒	浓香	射洪沱牌酒厂	⑤

第五届评选出的银质奖（国家优质酒称号）包括：哈尔滨特酿龙滨酒（大曲酱香）、四川叙府大曲酒（大曲浓香）、湖南德山大曲酒（大曲浓香）、湖南浏阳河小曲酒（小曲米香）、广西湘山酒（小曲米香）、广西三花酒（小曲米香）、江苏双沟特液（低度大曲浓香）、江苏洋河大曲（低度大曲浓香）、天津津酒（低度大曲浓香）、河南张弓大曲酒（大曲浓香）、河北迎春酒（麸曲酱香）、辽宁凌川白酒（麸曲酱香）、辽宁大连老窖酒（麸曲酱香）、山西六曲香酒（麸曲清香）、辽宁凌塔白酒（麸曲清香）、哈尔滨老白干酒（麸曲清香）、吉林龙泉春酒（麸曲浓香）、内蒙古赤峰陈曲酒（麸曲浓香）、河北燕潮酩酒（麸曲浓香）、辽宁大连金州曲酒（麸曲浓香）、湖北白云边酒（大曲兼香型）、广东石湾玉冰烧酒（小曲其他香型，现豉香型）、山东坊子白酒（麸曲其他香型）、湖北西陵特曲酒（大曲兼香型）、黑龙江中国玉泉酒（大曲兼香型）、四川二峨大曲酒（大曲浓香）、安徽口子酒（大曲浓香）、四川三苏特曲酒（大曲浓香）、贵州习酒（大曲酱香）、四川三溪大曲酒（大曲浓香）、陕西太白酒（大曲其他香型）、山东孔府家酒（大曲浓香）、江苏双洋特曲酒（大曲浓香）、黑龙江北凤酒（麸曲其他香型）、河北丛台酒（大曲浓香）、湖南白沙液（大曲其他香型）、内蒙古宁城老窖酒（麸曲浓香）、江西四特酒（优级）（大曲其他香型）、四川仙潭大曲酒（大曲浓香）、江苏汤沟特曲酒（大曲浓香）、贵州安酒（大曲浓香）、杜康酒（大曲浓香）、四川诗仙太白陈曲酒（大曲浓香）、河南林河特曲酒（大曲浓香）、四川宝莲大曲酒（大曲浓香）、贵州珍酒（大曲酱香）、山西晋阳酒（大曲清香）、江苏高沟特曲酒（大曲浓香）、贵州筑

春酒（麸曲酱香）、贵州湄窖酒（大曲浓香）、吉林德惠大曲酒（麸曲浓香）、贵州黔春酒（麸曲酱香）、安徽濉溪特液（大曲浓香）。前25种白酒为上届国家优质酒本届复查确认，后28种为新增的优质酒。

三 / 文化篇

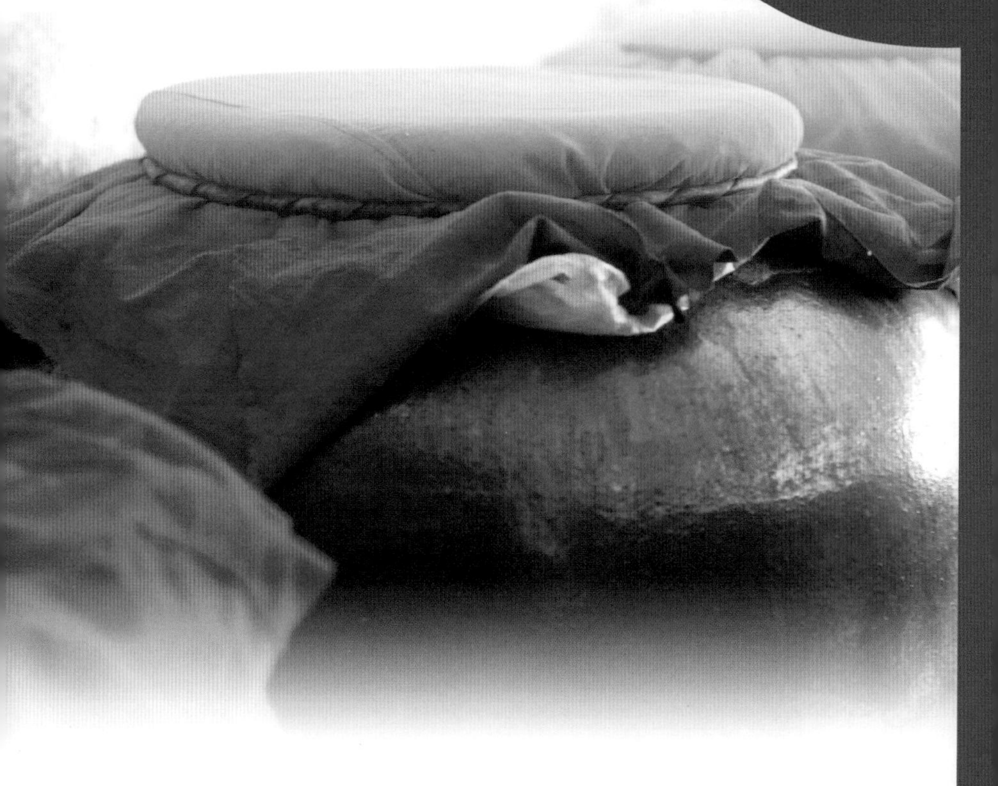

28 酒的文化内涵

文化是人类在社会历史发展过程中所创造的物质财富和精神财富的总和。酒本身就是文化，中国酒文化内涵非常丰富，胜过其他任何酒。

从物质层面看，一是历史悠久。中国酒的历史有9000多年，黄酒的历史有7000多年，白酒的历史有2000多年。二是百花齐放，和而不同。黄酒有“南绍（兴）北代（州）”、福建黄酒、山东黄酒、（上）海派黄酒等，原料、工艺、产品口感各异。白酒12种代表香型生产厂家遍及全国各地，有各自的工艺特点和产品风格，许多名酒还形成了自己独特的酒文化。

从精神层面看，酒的作用更是丰富多彩。首先，古人认为酒能通神，所以从一开始酒就被用于祭祀，礼天地而事鬼神，享祀祈福。敬神、祭祖、追祭亡人是酒的重要用途。汉字中的“奠”是象形字，就像桌子上放着一个酒坛子。“奠”字的含义之一是用祭品向死者致祭，也就是祭奠。

无酒不成宴。不论是国宴、家宴、节日宴，还是庆功宴、庆寿宴、谢师宴、喜庆宴，以及为亲朋好友送行、接风等，酒都是不可或缺的。

酒自古就和文人墨客结下了不解之缘。李白、杜甫、白居易、李清照、杜牧、欧阳修等文坛巨匠都是酒仙、酒圣级的人物，也都留下了不少名扬千古的酒诗篇和脍炙人口的故事。

酒文化在民间更是千姿百态，有高雅的，也有低俗的。要传承和弘扬优秀酒文化，鄙弃酒文化中的糟粕。

29 酒礼

中国素有“礼仪之邦”之称，自然凡事都讲“礼”，酒当然也有酒礼。酒礼是饮酒时的礼节，能增强饮酒的仪式感，使饮酒成为一种正式的、庄重的、文明的社交活动。

中国历史悠久，人口众多，文化多样。56个民族中除了不饮酒的民族外，古往今来，各地、各民族的酒礼千差万别，既难全部弄清，也难一一道来。“夫礼者，自卑而尊人”（《礼记·曲礼上》），入乡随俗、客随主便是非常必要的。

邀请喝酒有礼节。请人吃饭喝酒一定要给客人留出充裕的时间。老北京的规矩提前三天以上叫“请”，提前两天为“叫”，当天为“拽”。

送酒也有讲究。河北一带年轻人定亲有送酒的习俗，取天长地久之意。并且一般送四瓶或八瓶，寓意四平八稳。

酒桌上的座次更是主客有别、长幼有序、各地不一，不清楚的需要提前弄明白，不能随意就座。一般而言，圆桌面向大门之位为主人座，主客坐在主人右手座，主人客人依次间隔就座；也有些地方圆桌面向大门之位为上座，为主客的座位，主人坐在主客的左手位置。

敬酒的礼节就更多了。一般是主人先向客人敬酒，而后客人再回敬主人，敬酒时要说上几句敬酒辞。山东很多地方的规矩是所有主人全部敬过酒后客人再回敬。客人之间也可以相互敬酒。

敬酒时一般要轻轻碰一下杯，碰杯时酒杯比对方略低一点表示对对方的尊重。

河南等地有为客人端酒的礼仪，客人喝而主人不喝，这是以前长期生活拮据传下来的酒礼，因为一般没有多少酒，要先让客人喝好。

酒界有句话，酒德是品德。酒礼也是一个人道德修养的表现。讲究酒礼是为了更好地沟通，增进友谊，不是为了多喝酒，更不是为了喝醉酒。酒桌上以茶代酒、以水代酒都是可以的，“只要感情有，喝啥都是酒”也是应该提倡的。

30 酒与孝

酒与孝的关系很多人并没有仔细去想，其实我们的祖先早就给出了答案。

俗话说“家有三件宝，不如一个老”“百善孝为先”。孝在中华传统文化中具有重要地位，孝顺老人是中华民族的传统美德，让老人幸福快乐、健康长寿是每一个家庭、每一位子孙的心愿。农历九月初九，二九相重，称为“重九”，是中国传统的重阳节。2012年12月28日，全国人民代表大会常务委员会表决通过新修改的《老年人权益保障法》明确规定，每年农历九月初九为中国的老年节。在汉语中“九”是最大的数，也是一个吉祥的字。九与五组合一起就是“九五之尊”，是只有皇帝或者皇家才能享用的。

中国明、清两代皇城的正门是天安门，天安门城楼的主体建筑分为上下两层。上层东西宽九间，南北进深五间，东西南北取“九五”之数；城台下有券门五个，上下也形成“九五”之数，象征皇帝的尊严。中间的券门最大，位于北京皇城中轴线上，过去只有皇帝才可以由此出入。

汉语普通话“九”与“久”“酒”同音。“九九”与“久久”同音，也与“酒酒”同音。

九月九酿新酒是湖北房县流传千年的民谣，至今房县的土城村还保留着家家户户酿黄酒的习俗，是远近闻名的黄酒村。九月九酿新酒也是张艺谋导演的电影《红高粱》插曲《酒神曲》的第一句歌词。

现在，一些白酒企业经常选择在九月九日这天举行白酒开酿或封藏仪式。选择在这一天举行与酒有关的活动，既体现了天时、地利、人和的中国文化，也与孝敬老人紧密相关。

汉字中的“酵”字是左右结构：左边是个“酉”字，右边是个“孝”字，在甲骨文中“酉”就是酒的意思。酒与孝的关系在一个“酵”字中表现得淋漓尽致：

发酵要做什么？“酵”字的左半边就是答案：为了造酒。

为什么要造酒？“酵”字的右半边就是答案：为了尽孝。

为什么尽孝就要让老人喝点酒？中医认为：酒药同源，医源于酒。适量饮酒舒筋活血、有益健康。

历史上以酒尽孝、韬光养晦的当属唐朝的李显。684年李显从皇帝位上被母亲武则天贬到今天的湖北省房县为庐陵王，他不仅自己喜欢房县黄酒，还将房县黄酒进贡献给武则天。699年李显复立为太子，705年李显复皇帝位，这当中房县黄酒功不可没。

“酵”字还隐含着未成年人不宜饮酒的意思。尽管目前中国的法律还没有明确禁止未成年人饮酒，家长、学校、社会还是要提倡未成年人不饮酒。

另外，“酵”字的发音是jiào，与“孝”字的发音xiào不同。“酵”倒是与酒窖的“窖”同音。

31 酒与酿

众所周知，白酒、黄酒都是以粮食为原料酿造而成的。中国古代原产的粮食主要是大米、黍米、小米、高粱米等，有米才有粮，汉字“粮”字的左边是“米”字充分体现了米在粮中的重要地位。

汉字的“酿”字把酒的来龙去脉、酒与米和粮的关系表达得明明白白。“酿”字是左右结构，左边的“酉”字是酒的意思，是酿的产品；右边的“良”字与“粮”同音，反映的是酿的原料。

酿酒过程中“粮”消耗转化的是“米”，“米”变成“酉”的过程就是“酿”；而“米”都变成“酉”了，“良（粮）”也就没有了；剩下的“酉”和水一起成了一个新的食品“酒”。

民间有人说“酒是粮食转化物”“酒是粮食精”，这是有依据的。

尽管说“酒是粮食精”，但白酒绝不是酒精的水溶液。截止到2017年，在白酒中发现的酿造过程中产生的微量成分已有1874种，它们不仅提供了白酒厚重香醇的味感，其中很多还是有益健康的功能因子。

32 酒与醋

东方醋起源于中国，中国有文献记载的酿醋历史在3000年以上。醋与酒的关系在汉字“醋”字中表达得淋漓尽致：“醋”字是左右结构，左边是一个“酉”字，右边是一个“昔”字；醋源于酒；造醋先造酒；醋是昔日的酒；酒二十一天就可以酿造成醋。时至今日，中国的米醋、老醋、陈醋还是这么酿造的。造醋时先酿造出黄酒，然后加入醋酸菌发酵成醋。

俗话说“老酒陈醋”，这是有道理的。老酒陈醋不但口感比新酒新醋好，而且对人体健康更有益。这是因为酒和醋在陈酿（老熟）的过程中，其中的醇、酸、醛等物质会发生缓慢变化，生成酯类、缩醛等风味更好或具有调节人体生理机能作用的物质。

山西老陈醋、四川保宁醋、江苏镇江香醋、福建永春老醋是中国四大名醋。山西人爱好醋就像湖南人爱好辣椒一样全国闻名，在山西有“男人不吃醋感情不丰富，女人不吃醋家庭不和睦，小孩不吃醋学习不进步，老人不吃醋越活越糊涂”一说。

中国有的地方，如福建的古田县老醋厂，造醋的方法更原始、更传统。将酿好的黄酒直接放进陶瓷坛子里自然酿造，几年后就变成了醋。在醋坛子里酿了十几年、几十年的醋品质更好，该厂至今仍有不少明清时期传下来的醋坛子还在使用。

世界上一些国家醋的酿造方法与中国有惊人的相似之处，也是用酒为原料酿造，如英国、美国等用啤酒生产麦芽醋；法国、意大利、西班牙等用葡萄酒生产葡萄醋。

无独有偶，法语中醋的单词也反映了酒和醋的因果关系。法语中醋是“vinaigre”，其前缀“vin”在法语中是酒、红酒、葡萄酒的意思。

33 酒与醇、醛、酮、酸、酯

醇、醛、酮、酸、酯这五个字左边都有一个“酉”字，说明它们都与酒有关，事实也是确实如此。截止到2017年，在白酒中发现的微量成分有1874种，其中醇类有235种、醛类有97种、酮类有140种、酸类有127种、酯类有506种。

醇、醛、酮、酸、酯是构成酒类风味的重要物质。例如乙醇，俗称酒精，这是所有酒中必有的，也是区别软饮料与含酒精饮料的标志性物质；β-苯乙醇，具有清甜的玫瑰样花香，在很多酒中都有发现；乙酸乙酯，具有微带果香的酒香，在所有白酒中都存在，也是清香型白酒的主要风味物质。

不少醇、醛、酮、酸、酯类物质还是酒中的重要功能性物质。例如，白酒中的己酸、庚酸、辛酸、癸酸、月桂酸、豆蔻酸、硬脂酸、油酸、亚油酸乙酯、亚麻酸乙酯等具有抑制胆固醇合成的功效。

在化学上，醇、醛、酮、酸、酯相互之间也有紧密的关系。醇可以氧化成为醛、酮、酸，醇与醛作用能够生成缩醛，醇与酸酯化生成酯。这些变化在白酒发酵过程和陈酿过程都有可能发生，对白酒的风味有重要影响。

34 无酒不成醼

俗话说“无酒不成宴”“无鱼不成宴”。

“无酒不成宴”和“无鱼不成宴”都是中国的饮食文化，由来已久，根深蒂固，这从汉字“宴”字中可以找到答案。宴席的“宴”字还有另外一个写法，就是“醼”。汉语中，“醼”是请人吃酒饭，聚会在一起吃酒饭、酒席、宴会的意思。

“醼”是左右结构，左边的“酉”是酒的意思，右边的“燕”指的是“燕鱼”。“燕鱼”就是鲅鱼，也叫蓝点鲅、马鲛鱼，是一种海鱼。

“无鱼不成宴”的一个重要原因是汉语中“鱼”与“余”同音，都是yú，寓意“年年有余”“富贵有余”，这是典型的中国传统文化。因此，鳜鱼在一些宴席上更受欢迎，因为既有“贵”又有“余”。

春节是中国的新年，是家家团圆的日子，年夜饭都是很有讲究的。年夜饭一般是在农历年的最后一天，也就是除夕当天的晚饭；也有的地方，如胶东半岛某些地方是安排在大年初一的凌晨。很多地方的年夜饭鱼是必不可少的，并且鱼一般是最后上的一道菜，还有的地方的规矩是鱼这道菜一定不能吃完，或者根本就不吃，要确保“连年有余”。

至于吃什么鱼，一般就因地制宜、因时制宜了，因为不管什么鱼都是“余”，只要富贵有“余”就好。

35 《诗经》与酒

《诗经》又称《诗》《诗三百》，是中国最早的一部诗歌总集，收集了西周初期至春秋中期（公元前11世纪至公元前6世纪）的诗歌共305篇。《诗经》以四言为主，四句独立成章，其间杂有二言至八言不等。“关关雎鸠，在河之洲。窈窕淑女，君子好逑”即出自《诗经·国风·周南·关雎》。

《诗经》是中国儒家的经典书籍，是“四书五经”中的“五经之一”。《诗经》中的诗在当时都是能演唱的歌词，主要用于典礼、娱乐等场合，酒自然不能少。《诗经》305篇中“酒”字出现了63次，说明酒是重要典礼、宴会不可或缺的，“无酒不成宴”在当时的上流社会已经成为习俗。

《诗经》自上而下的教化作用历来受到重视，孔子也教育弟子读《诗经》以作为立言、立行的标准。《诗经》的伦理道德教育也体现在酒诗中。《诗经·宾之初宴》中“酒”字出现4次，“醉”字出现13次，对宾客从饮酒前的井然有序、彬彬有礼、威严庄重，到酒后的失态、不能自已，直至醉酒后的丑态和危害描绘得淋漓尽致，发人深省。其中的“宾之初筵，温温其恭。其未醉止，威仪反反。曰既醉止，威仪幡幡。舍其坐迁，屡舞仙仙。其未醉止，威仪抑抑。曰既醉止，威仪怭怭。是曰既醉，不知其秩。宾既醉止，载号载呶。乱我笾豆，屡舞僛僛。是曰既醉，不知其邮。侧弁之俄，屡舞傞傞。既醉而出，并受其福。醉而不出，是谓伐德。饮酒孔嘉，维其令仪。凡此饮酒，或醉或否。既立之监，或佐之史。彼醉不臧，不醉反耻”最为精彩。

《诗经》的伦理道德教育还体现在“既醉以酒，既饱以德。君子万年，介尔景福。既醉以酒，尔肴既将。君子万年，介尔昭明”（《诗经·大雅·既醉》）；“尔酒既清，尔殽既馨。公尸燕饮，福禄来成”（《诗经·大雅·凫鹥》）等诗中。

《诗经》的作者是周朝太师尹吉甫，他家乡就是盛产黄酒的房县，当时的黄酒叫“白茅”。《诗经·野有死麕》中有“白茅纯束，有女如玉”的诗句，白茅就是房县黄酒最早的称谓。

36 酒都

中国白酒产业百花齐放，因酒兴城、因酒富民的例子不胜枚举，如贵州省仁怀市、山西省汾阳市、四川省宜宾市、江苏省宿迁市等，越来越多以白酒为主要产业的城市将自己冠以“酒都”之名。实际上，“中国白酒之都”称号是由中国轻工业联合会和中国酒业协会联合评选，两会共同组成专家组，对参评的城市从白酒历史文化、产地酿造环境、白酒企业规模、白酒产业对当地经济贡献率等因素进行多方面系统考核。目前，正式授予“中国白酒之都”称号的城市仅有两座，分别是2009年授予的四川省宜宾市及2012年授予的江苏省宿迁市。中国名酒“五粮液”就产于酒都宜宾市，而“洋河大曲”和“双沟大曲”两大中国名酒都产于酒都宿迁市。“中国白酒之都”称号实行动态考评，每三年进行一次复评考核。

宜宾市隶属四川省，与云南省毗邻，金沙江、岷江交汇成为长江横贯于宜宾市北部，有万里长江第一城之称。宜宾酿酒历史最早可追溯至4500年前，曾在宜宾境内叫化岩遗址出土陶酒杯；秦汉时期，民间开始酿酒，以“窨（xūn）酒”和“蒟（jǔ）酱”为主；唐宋时期，随着茶马互市的繁荣，宜宾酿酒工艺和商品交易得到极大发展，出现了“重碧酒”“荔枝绿”和“姚子雪曲”等名酒；元明时期形成“利川永”等较大型酿酒作坊；民国时期，由“利川永”酿酒作坊邓子均改良、定型“五粮”工艺，并设计了“五粮液”商标，同期，宜宾地区还涌现出“尖庄大曲”“提装大曲”和

“提壶大曲”等多种名酒。目前，宜宾规模以上白酒企业已达66家，拥有五粮液集团、高洲酒业、叙府酒业和红楼梦酒业等多家知名企业。

宿迁市隶属江苏省，地处长江三角洲地区，位于淮河、沂（yí）沭（shù）泗（sì）流域中下游。宿迁酿酒历史可追溯至商周时期，曾在宿迁双沟镇出土大量酒具；唐宋时期，宿迁酒业开始兴盛，据《虹县志》记载，隋唐年间“民间雅重儒术，有尚樽杯饮之风”，宋熙宗年间有“满天星月已睡去，千家万户酒正酣”诗句，可见当时民间酒业的发达；清代，宿迁白酒曾被作为贡酒上贡，有“福泉酒海清香美，味占江淮第一家”的赞誉。截至2015年底，宿迁市共有白酒企业150余家，拥有“洋河大曲”和“双沟大曲”两大中国名酒。

37 酒城

泸州市隶属四川省，地处四川盆地东南，川、滇、黔、渝四省市结合部，属中国白酒金三角核心腹地，是中国唯一的酒城。泸州四季分明、气候温润，亚热带湿润季风性气候特征明显，适合酿造优质白酒。

泸州酿酒历史源远流长，始于秦汉，兴于唐宋，盛于明清。周代，泸州属巴国，其出产的“巴乡清”酒，曾是巴国向周王朝交纳的贡品。根据泸州博物馆陈列的文物考证，泸州市发掘出土的陶制饮酒角杯属于2000多年前秦汉之际的器物；1986年泸州市纳溪区出土一件汉代麒麟青铜温酒器，属于饮酒的配套器具；1999年在泸州营沟头发掘出土200多件酒具，属于隋唐五代时期的民间陶瓷。宋代泸州人掌握了烧酒的制法，出现了“小酒”和“大酒”，尤其是“大酒”，是泸州白酒的雏形；元泰定年间（公元1324年），泸州人郭怀玉创制“甘醇曲”用以酿酒，被誉为“中国大曲酒之祖”，亦被称为“制曲之父”；明万历年（公元1573年），舒承宗始建“舒聚源”酒坊，并探索总结出“泥窖生香、续糟配料”等一整套中国浓香型白酒的酿制工艺，舒承宗也由此被誉为“中国浓香型白酒始祖”，自此，泸州大曲酒的生产工艺已趋完善；清代时，泸州已经形成了具有一定品牌效应“前店后坊”式的酿酒酒坊，据《泸县志》卷三《食货志 · 酒》记载：“清末白烧糟户六百余家，出品运销永宁及黔边各地。大曲糟户十余家，窖老者尤清洌，以温永盛、天成生为有名。”

泸州“酒城”的称号源于朱德。1916年，朱德随蔡锷起兵，由云南赴川讨袁，驻守泸州。是年除夕，朱德饮下泸州大曲酒后，赋诗抒怀：“护国军兴事变迁，烽烟交警振阗阗。酒城幸保身无恙，检点机韬又一年。”他在诗中将泸州称为“酒城”，从此泸州有了“酒城”之美誉。作者2015年10月22日发表在中国延安干部学院官网“学员园地”上的《延安抒怀》也写到“泸州是酒城，朱德命的名。质优产量大，名酒遍天下”。中国著名白酒品牌“国窖1573”“泸州老窖”和“郎酒”都产自泸州市。

38 酒乡

中国是白酒的故乡，酒乡很多，如贵州省仁怀市茅台镇、山西省汾阳市杏花村镇、四川省遂宁市沱牌镇、安徽省亳州市谯城区古井镇、山东省安丘市景芝镇等。

茅台镇隶属贵州省仁怀市，地处赤水河谷地带。茅台镇的酿酒兴旺与清代中后期赤水河航运的开发息息相关，当时茅台镇作为黔北的重要口岸，是川盐入黔、黔铅京运的重要驿站，由此带动了当地经济的繁荣和酒业的兴盛。目前，茅台镇作为中国酱香型白酒的主产地，有300多家酿酒企业、4000多家白酒销售公司，其中最具代表性企业为茅台集团。

杏花村镇隶属山西省汾阳市，地处吕梁山东麓子夏山下。杏花村镇的酿酒史悠久绵长，当地曾出土了大量仰韶、龙山、夏商时期的酒器及酒具，最典型的为小口尖底瓮。杏花村酿酒工艺的大传播与两次历史事件紧密相关，其一为明代洪武二年开始的移民屯田政策，大批山西酿酒技师随着移民队伍迁到全国；其二为伴随明代中后期晋商的崛起，杏花村酒被贩运到全国各地，带动了酒业的大繁荣。目前，杏花村镇是清香型白酒的集中产地，是汾酒杏花村集团的生产基地。

沱牌镇隶属四川省遂宁市，地处长江支流涪江西岸。根据《四川通志》记载，沱牌曲酒可考证的酿造史可追溯至唐代，当时名为“射洪春酒”，唐代杜甫的“射洪春酒寒仍绿”即是对此酒的称赞；至民国三十五年（1946年），举人马天衢根据牌坊“沱泉酿美酒，牌名誉千秋”之寓意，将“射洪春酒”命名为“沱牌曲酒”。沱牌镇主要生产浓香型白酒，是舍得酒业的生产基地。

古井镇隶属安徽省亳州市，旧称减店集，地处黄淮海平原南端。东汉末年曹操以减店集生产的“九酝春酒”进献于汉献帝；明万历年间阁老沈理以“减店集酒”呈献给明万历皇帝。因此，贡酒是古井镇白酒的最大特点。目前，古井镇聚集形成了安徽省最大的白酒产业集群，有大小酒企上百家，其中最具代表性的企业为古井贡集团。

景芝镇隶属山东省安丘市，地处山东半岛中部。景芝镇与颜神镇、张秋镇并称为山东的“三大古镇”。据《安丘县志》记载，明洪武年间，景芝镇酿酒已具一定规模；至清代景芝酿酒进入兴盛期，光绪《安丘乡土志》记载安丘地区以景芝产酒最醇，清《宣统山东通志》“物产”中记载“烧酒以安丘景芝镇为最盛”。2012年中国轻工业联合会和中国酒业协会联合授予景芝镇为“中国芝麻香白酒第一镇”，其中最具代表性的企业为景芝酒业。

39 二锅头的故事

二锅头酒是具有浓郁北京特色的白酒，也是唯一以生产工艺特点来命名的白酒，产品甘洌爽口，深受全国各地尤其是北京地区人民的喜爱。

北京地区白酒生产始于元代，盛于清代。蒸酒产生的酒汽经盛有凉水的天锅底部冷凝后，沿导管流出的酒液收集于酒篓。“二锅头”传统生产工艺源于清康熙十九年（1680年）北京前门外酿酒作坊“源昇号”酿酒师赵存仁、赵存义、赵存礼三兄弟发明的“掐头”“去尾”“取中段”的特色生产工艺。蒸酒时，根据酒滴下时溅起的泡沫（俗称“酒花”）的大小变化适时更换天锅中的凉水，

分别收集每锅凉水冷凝流出的酒液。第一锅凉水冷凝流出的酒称为“酒头”，因含有较多低沸点杂质，辣口、刺喉，口感不佳。第三锅凉水冷凝流出的酒称为“酒尾”，因酒精度较低、高沸点物质多，口感也不佳。而第二锅凉水冷凝流出的酒酒精度合适，杂质较少，因而口感清洌，品质最佳。传统二锅头白酒是选用第二锅凉水冷凝流出的品质最好的酒，故名“二锅头”。目前，国内白酒厂生产中蒸酒普遍遵守的“掐头去尾”“量质摘酒”等原则，均与“二锅头”蒸酒工艺精髓一脉相承。

二锅头白酒代表性产品有红星二锅头、牛栏山二锅头、华都二锅头、北京二锅头等。

40 十八酒坊酒

十八酒坊酒是河北衡水老白干酿酒（集团）有限公司的两大著名品牌之一，源于公司的前身“十八酒坊”。“十八酒坊”为历史上衡水滏阳河两岸酿造衡水老白干酒的十八家酿酒作坊的统称。

衡水古称桃县、桃城，酿酒历史源远流长，历来就有“古桃城，虽不大，烧锅却有十八家”的说法。至清代中叶，衡水城已成为全国闻名的酿酒中心。“十八酒坊”据说部分从明代开始，绝大多数创于清代。各家作坊的制作工艺一脉相承，和而不同。据20世纪30年代的资料考查，当时的十八家酿酒作坊指通商街的德聚、广聚、天成、信大、德昌、计兴，木厂街的福兴隆、兴源祥、恒聚成，篦子市的诚兴号、庆畲增，菜市街的恒德成、天丰号，问津街的义兴隆、福聚兴，以及河西街的恒盛号、元盛号、德源涌。

1945年12月16日，衡水全境解放。1946年春，衡水县政府根据冀南行政公署的指示，将这十八家私营酿酒作坊赎买收归国有，成立了冀南行署地方国营衡水制酒厂（现河北衡水老白干酿酒（集团）股份有限公司前身），成为中华人民共和国成立前夕第一家国营制酒厂，经70多年的发展，已成为我国白酒行业老白干香型中规模最大的生产企业。

41 酒器与 China

酒器是指用来盛酒用的容器。酒器的发展和演变与生产力发展水平和科学技术水平紧密相关，也反映了人们的价值观和审美观，形成了独特的酒器文化。

从材质上看，中国酒器的发展主要经历了陶、青铜、瓷、玻璃等阶段。最早的酒器以陶为主，已有9000多年的历史。现在还有一些陶质的酒器在使用，如景芝酒业还保留着以前的桃花瓮，每年桃花盛开的时候还会用桃花瓮酿酒。在中国湖北恩施，土家族人喝酒所用的碗有的还是陶的。

青铜酒器在商代达到了空前的繁荣，主要有爵、角、觚、觯、斝、尊、壶、卣、方彝、枓、勺、禁等。现在青铜酒器除了观赏艺术品已经几乎没有实际使用的了。

瓷器是中国人的发明。瓷器是在陶器技术的基础上产生的。商代的白陶是原始瓷器的基础。商代和西周遗址的“青釉器”被称为“原始瓷”。东汉至魏晋时制作的瓷器，多为青瓷。白釉瓷器萌发于南北朝，到隋朝已经成熟。唐代瓷器已经接近现代高级细瓷的标准了。宋代烧瓷技术已经完全成熟。

瓷器的发展不仅促进了酒器的演变，也促进了中国酒业的繁荣。时至今日，中国瓷酒器在中国白酒和黄酒生产、陈酿、销售、饮用过程中还在广泛使用。被称为中国白酒鼻祖的汾酒采用的是地缸发酵，衡水老白干采用的也是地缸发酵。

研究发现，由于瓷具有轻微的透气性，对酒陈酿过程中风味的改善具有一定的促进作用。著名的黄酒“女儿红”“状元红”，就是将新酒放入瓷坛埋藏到地下18年左右而成的。时至今日，中国各种名优白酒的陈酿还是首选瓷坛。

非常巧合的是“瓷”和“中国”的英文名字是一样的，都是China。中国人不但用瓷坛存酒、用瓷瓶装酒、用瓷酒盅饮酒，就是下酒的菜肴也是盛在瓷盘、瓷碟里，盛饭的碗也是瓷的，这是典型的中国文化。

42 白酒的品鉴

古有“对酒当歌，人生几何”，今有“我有一壶酒，足以蔚风尘”。生活中，品酒既是一种技能，更是一门学问。品出愉悦，喝出健康。

眼观色。杯中注入1/3 ~ 3/5的酒，举起酒杯，用眼睛正视和俯视，观察酒样色泽、透明度、有无悬浮物和沉淀物。然后轻轻摇动酒杯仔细观察酒液的挂杯度，优质白酒挂杯痕迹明显、均匀，像丝绸一样，杯中酒液清澈透明，没有丝毫杂质。

鼻闻香。嗅闻时鼻子和酒杯的距离一般在1 ~ 3cm，头略低，轻嗅其香味。只对酒吸气，不对酒呼气。手慢慢将酒杯在鼻前晃动，享受酒香扑鼻的感觉。白酒具有粮香、花香、甜香等香味，使人身心愉悦。

口尝味。酒入口时要慢而稳，将酒布满舌面，辨别其味道，一般人的舌尖和边缘对咸味比较敏感，舌的前部对甜味比较敏感，舌靠腮的两侧对酸味比较敏感，舌根对苦味和辣味比较敏感。将酒含在口中，慢慢品味，慢慢咽下，感受白酒甘甜酌烈后的回味，如生活的样子，甘苦自知、无以言表。

美酒再美，勿忘适量。由美国卫生与公众服务部、农业部联合发布的《2015—2020年美国居民膳食指南》中规定平均每次的饮酒量，女性不超过1个饮酒单位、男性不超过2个饮酒单位，而且在一天之内，女性不超过3个饮酒单位、男性不超过4个饮酒单位。1个饮酒单位，是指含有0.6盎司（约18mL）酒精的酒，对应通常的酒，1

个饮酒单位相当于5°啤酒355mL或12°葡萄酒150mL，40°白酒45mL，60°白酒30mL。

“美酒饮至微醺后，好花看到半开时”。饮酒者必须坚持适量饮酒、适时饮酒、文明饮酒。正如作者在《健康饮酒》一诗所言："二两白酒汇聚万语千言，半斤过后敢于指点江山，再喝下去可能丢人现眼，为了健康必须少喝一点”。

43 黄酒的饮用方式

茶有茶道，酒亦有酒道。黄酒酒性温和，宜慢慢品，方能品味其曼妙滋味。

在气温10℃以下的季节，黄酒宜温着喝。绍兴当地一般加热黄酒的方法是“串筒水烫”，妙不可言。将酒倒入串筒，然后放入沸水中水浴，使酒逐渐升温，一般加温至酒香四溢、入口温和舒适即可，切不可过烫。加温后的黄酒即倒入酒壶，然后倒入杯中，琥珀色的酒液在杯中荡漾，夹带着缕缕酒香，十分怡人。黄酒热热地喝下去，不光暖胃活血，其酒性散发得也快，令人感觉舒服。近代教育家蔡元培先生时常在家中以暖壶温酒，与友人对饮，一般每餐以四两为度，从未醉过。

盛夏季节，黄酒宜存放在3℃左右冰箱内冰镇纯饮，亦可加冰块。琥珀色的黄酒与晶莹的冰块相映，赏心悦目，清爽宜口且不易醉。

喝黄酒最形象的动词当属“咪”，咪杯老酒，便是嗅、吮、抿、品等一系列动作的合成，咪一咪，酒在口中越来越有味道，双目微闭，达到脑仁愉悦的瞬间。通过“咪”的动作，可逐渐体味黄酒中丰富的风味物质。在品饮黄酒的过程中，这些的风味物质逐渐释放出来，逐步在鼻腔、口腔中弥漫，即使咽下之后也回味无穷。

黄酒属于细酌慢饮之酒，其下酒菜最好也是耐嚼滋味长的那种，如盐煮花生、茴香豆、豆腐干等。黄酒的绝配当属大闸蟹，即古人所说的“持螯饮酒”。大闸蟹味美，但性寒不能多吃。而黄酒性温，温寒相抵无疾患之虞，又因黄酒最能去除腥味，食之更觉香美。

邀三两知己，置四五小菜，浅斟慢酌黄酒，那是人生的一种至趣。当酒饮微醺时，人会逐渐放松下来，于是彼此就有了倾诉的欲望，有了抒发的躁动，有了了解的勇气，有了探求的渴盼，人与人之间的距离近了，心灵的窗户一寸一寸地打开。

四 酿造篇

浓香型白酒的酿造

浓香型白酒最先称为泸型白酒，以泸州老窖白酒的特点命名，20世纪80年代开始统称为浓香型白酒。浓香型白酒具有芳香浓郁、绵柔甘洌、香味协调、入口甜、落口绵、尾净余长等特点。

国家标准对浓香型白酒的定义为：以粮谷为原料，采用浓香大曲为糖化发酵剂，经泥窖固态发酵、固态蒸馏、陈酿、勾调而成的，不直接或间接添加食用酒精及非自身发酵产生的呈色呈香呈味物质的白酒。

浓香型白酒的酿造以高粱、大米（籼米、粳米、糯米）、小麦和玉米等为原料，以酒曲（中温大曲、麸曲）为糖化发酵剂，采用“混蒸续糙”为主要特点的固态法酿造工艺生产。所谓“混蒸续糙”指将上一次发酵成熟的酒醅与粉碎的新料按比例混合后，在甑桶内同时进行蒸粮蒸酒，这一操作也叫“混蒸混烧”。出甑后，经冷却、加曲，再入窖池继续发酵，如此反复进行。大部分浓香型白酒采用这种方法生产。此种酿造工艺的特点是可以把各种粮谷原料所含的香味物质，如酯类或酚类、香兰素等，在混蒸过程中带入酒中，对酒起到增香的作用，这种香气称为“粮香”，如高粱香；在混蒸时，酒醅中含有的酸和水，加速了原料中淀粉的糊化，利于发酵；蒸酒时由于混入了新料，可减少辅料（稻壳、高粱壳等）的用量，有利于提高酒质；每次投入的原料能经过3次以上的发酵，才成为丢糟，原料利用率高。南方酒厂把酒醅及酒糟统称为糟。因为酒醅会经多次配料，多次进行循环发酵，好像永远都丢不完，所以人们常把这种糟称为“万年糟”。酒醅发酵时间越长，积累的发酵产香前体物质越多，对增进酒质浓香具有重要作用。“千年窖万年糟”这句话，充分说明浓香型白酒的质量与窖、糟有着密切关系。

浓香型白酒是中国珍贵的历史文化遗产，在世界酒林中独树一帜，是目前产销量最大的一种白酒，中国白酒70%以上是浓香型白酒。

按照原料的不同，浓香型白酒可分为单粮浓香型白酒和多粮浓香型白酒。单粮浓香型白酒以四川泸州老窖为典型代表，以单一原料高粱发酵酿制而成。多粮浓香型白酒以四川五粮液为典型代表，以小麦、籼米、玉米、高粱、糯米5种粮食发酵酿制而成。酿酒的谷物原料中，高粱占主导地位，其次为籼米、小麦、糯米、玉米、大麦、青稞等。酿酒原料一般要求碳水化合物含量高，蛋白质和单宁含量适当，适合微生物的需要和吸收利用，原料易贮存，严格控制含水量，以防霉烂变质。

按照酒曲的不同，浓香型白酒可分为大曲浓香型白酒和麸曲浓香型白酒。中国南方以大曲浓香型白酒为主，如四川、安徽、江苏，代表性品牌有五粮液、泸州老窖、洋河大曲、剑南春、古井贡、全兴大曲、双沟大曲等。中国北方的大曲浓香型白酒有河北承德的板城烧锅酒、吉林白城的洮儿河酒等。中国北方则以麸曲浓香型白酒为主，如辽宁、吉林、内蒙古、河北，代表性品牌有辽宁的金州曲酒、吉林的德惠大曲和龙泉春酒、内蒙古的宁城老窖和赤峰陈曲等。另外，山东多家酒厂采用大曲和麸曲结合生产浓香型白酒，如扳倒井、景芝老窖等品牌。

清香型白酒的酿造

清香型白酒历史悠久，工艺独特，口感醇和、绵甜，香气纯正，在中国北方及南方一些地区深受青睐。清香型白酒因香气纯正，也是生产露酒和药酒最好的基酒。

国家标准对清香型白酒的定义为：以粮谷为原料，采用大曲、小曲、麸曲及酒母为糖化发酵剂，经缸、池等容器固态发酵，固态蒸馏，陈酿、勾调而成的，不直接或间接添加食用酒精及非自身发酵产生的呈色呈香呈味物质的白酒。

清香型白酒的酿造是以高粱等谷物为原料，以酒曲（中温大曲、低温大曲、小曲、麸曲）为糖化发酵剂，采用“清蒸清楂”为主要特点的固态法酿造工艺生产。所谓“清蒸清楂”，即为先将原料和辅料各自分开蒸熟，然后按比例混合后，加入酒曲进行第一次发酵，发酵的酒醅蒸酒后，不再配入新料，直接再加入酒曲，再次发酵，最后将第二次发酵的酒醅蒸酒后，直接丢弃。上述过程中用到的辅料包括稻壳、谷糠、高粱壳、玉米芯、鲜酒糟、花生皮等，其作用有调节酒醅的淀粉浓度，降低或提高酸度，吸收酒，保持黄浆水（发酵过程产生的），并可使酒醅有一定的疏松度和含氧量，增加界面作用，从而便于粮食中的淀粉在蒸粮过程中转化为糖，也使发酵和蒸馏出酒顺利进行。清香型白酒酿造工艺强调“清蒸排杂、清洁卫生”，即都在一个“清”字上下功夫，“一清到底”——原料清蒸、辅料清蒸、清楂发酵、清蒸馏酒。此种酿造工艺优点是发酵周期短，生产成本低；原料出酒率高，节约粮食；采用地缸、低温发酵；生产环境卫生，酒的成分相对简单。

清香型白酒生产覆盖面广，是流派最多的香型。根据酒曲的不同，清香型白酒可以分为大曲清香型白酒、小曲清香型白酒和麸曲清香型白酒。中国南方以小曲清香为主，北方则以大曲清香和麸曲清香为主。

大曲清香型白酒的典型代表之一是山西杏花村汾酒厂股份有限公司的汾酒，以高粱为原料，大曲为糖化发酵剂，成品具有“入口绵，落口甜，清香不冲鼻，饮后有余香”的风格。湖北武汉天龙黄鹤楼酒业有限公司的黄鹤楼酒、河南宝丰酒业有限公司的国色清香酒和北京的二锅头都属于大曲清香型白酒，酿造工艺都有各自的特点。

小曲清香型白酒以高粱、玉米、大米等为原料，采用小曲为糖化发酵剂，固态酿造工艺生产。该工艺历史悠久，产量大，在四川、重庆、云南、贵州、湖北等地盛行，产品各具独特的风格。典型代表有重庆江津老白干酒、重庆永川高粱酒、云南玉林酒和湖北劲牌小曲酒等。

麸曲清香型白酒以高粱、玉米等为原料，麸曲为糖化发酵剂，固态发酵生产。该工艺具有生产周期短、出酒率高等特点。此种白酒的典型代表有山西的六曲香白酒、辽宁的凌塔白酒、哈尔滨的老白干和内蒙古的草原王白酒。

46 酱香型白酒的酿造

酱香型白酒又称为茅香型白酒，以其香气幽雅、细腻、酒体醇厚丰满、空杯留香持久著称，深受消费者喜爱。

国家标准对酱香型白酒的定义为：以粮谷为原料，采用高温大曲等为糖化发酵剂，经固态发酵、固态蒸馏、陈酿、勾调而成的，不直接或间接添加食用酒精及非自身发酵产生的呈色呈香呈味物质，具有酱香特征风格的白酒。

按照糖化发酵剂的不同，酱香型白酒分为大曲酱香和麸曲酱香两种。

大曲酱香白酒典型代表是贵州茅台酒和四川郎酒。其酿造工艺非常有特色，以高粱为酿酒原料，小麦制取的高温大曲为糖化发酵剂，采取2次投料、8轮次发酵和7次取酒，再按照酱香、醇甜及窖底香3种典型的基酒和不同轮次酒分别长期贮存后，勾兑而成。“2次投料”指的是原料高粱先投一半左右，经过“蒸粮”、下曲（加大曲）、发酵后，再将剩下一半加入到第一次发酵后的酒醅中，再经过蒸馏、下曲后继续进行发酵的过程。“8轮次发酵”是指从第1次投料开始，物料要经过8次的反复发酵和馏酒后，再丢糟的过程。除了第1轮次和第2轮次添加原料外，从第3轮次开始只加大曲，不加原料进行发酵。“7次取酒”指的是除了第1轮次发酵后蒸馏的酒不保留，又加到酒醅中继续发酵外，摘取后面7轮次发酵后蒸馏出的酒，并按照香味特征和轮次分别贮存。

大曲酱香型白酒的工艺特点可总结为“四高两长，一大一多”。“四高”的含义如下：①高温大曲为糖化发酵剂，其制曲温度高达60℃以上；②高温堆积，即入窖池发酵之前，先把酒醅放在空气中堆积发酵，当堆积温度达到45 ~ 50℃后入窖池继续发酵；③高温发酵，即酒醅在窖池中的发酵温度可达到42 ~ 45℃；④高温馏酒，即发酵后的酒醅在蒸馏时的出酒温度与其他香型白酒馏酒温度相比较高。“两长”中的一长指的是生产周期长，从投料开始到产酒结束，一批酒的生产周期是一年；另一长是指贮存时间长，一般都在三年以上。长时间贮存是保证酱香型白酒风味质量稳定的重要措施。“一大”指的是酱香型白酒酿造过程中用曲量大，是所有香型白酒中用曲量最大的，与投料原料比为1:（0.85 ~ 0.95）。“一多”指的是酒醅要经过多轮次的发酵和馏酒，一般要经过8次发酵和7次取酒。国台酒、习酒、钓鱼台酒、天安门酒、承天门酒、武陵酒、云门陈酿酒、金沙回沙酒、珍酒等都是大曲酱香型白酒。

麸曲酱香型白酒是20世纪50年代在仿制茅台酒的基础上发展起来的，是以麸曲为糖化发酵剂，采用“清蒸续糙”酿造工艺生产，但保留了大曲酱香的高温堆积、高温发酵和高温馏酒的工艺特点。所谓“清蒸续糙”指的是原料单独蒸熟，然后与上次蒸酒后的酒醅混合后，加入麸曲后继续发酵。麸曲酱香型白酒典型代表有河北廊坊市迎春酒业有限公司的迎春酒、辽宁锦州凌川酒厂的陵川白酒、贵州黔春酒业有限公司的黔春酒。麸曲酱香型白酒具有出酒率高、发酵期和贮存期短等优点。

47 米香型白酒的酿造

米香型白酒是一种小曲酒，是从米酒、黄酒发展过来的，具有“无色、清澈透明，蜜香清雅、入口绵甜、落口爽净、口味怡畅”的特点。

国家标准对米香型白酒的定义为：以大米等为原料，采用小曲为糖化发酵剂，经半固态法发酵、蒸馏、陈酿、勾调而成的，不直接或间接添加食用酒精及非自身发酵产生的呈色呈香呈味物质的白酒。

米香型白酒是以大米为原料，小曲为糖化发酵剂，前期固态培菌糖化，后期液态发酵，再经液态釜式蒸馏而酿制的产品。由于存在固态培菌糖化这一工序，因此用曲量很少，一般为原料的0.8% ~ 1.0%，这是和其他香型白酒生产的主要区别之一。20世纪80年代开始，米香型白酒酿造的蒸煮、糖化、发酵和蒸馏等环节都已实现了机械化生产，降低了劳动强度，提高了生产效率，稳定了产品质量。

米香型白酒酿造工艺最大的特点是半固态法，介于传统固态法和近代液态法工艺之间，这是与其他香型白酒最大的区别之一。中国白酒酿造工艺按照发酵和蒸馏时物料所处的状态，可分为固态法、半固态法和液态法。固态法酿造工艺是中国白酒的传统酿造工艺，产品质量高，风味好，但生产率较低，劳动强度大；液态法工艺是20世纪60年代出现的新工艺，主要优点是机械化程度高、劳动强度低、出酒率和生产效率高，但产品风味不及固态法；半固态法工艺的特点介于以上两种工艺之间，也是中国白酒的传统酿造工艺。

米香型白酒的主要产区在中国广西、广东、湖南、湖北、江西、福建、贵州、云南、四川等省（区），其中典型代表有广西桂林湘山酒、广西桂林三花酒、湖南浏阳小曲酒、广东长乐烧和从化三花酒。

48 凤香型白酒的酿造

凤香型白酒历史悠久，是1993年正式确立的一种白酒香型，兼有清香型和浓香型白酒的特征，具有“醇厚丰满，甘润挺爽，诸味协调，尾净悠长”的特点。

国家标准对凤香型白酒的定义为：以粮谷为原料，采用大曲为糖化发酵剂，经固态发酵、固态蒸馏、酒海陈酿、勾调而成的，不直接或间接添加食用酒精及非自身发酵产生的呈色呈香呈味物质的白酒。

凤香型白酒的酿造是以大曲为糖化发酵剂，以高粱为原料，采用“清蒸续糙”法生产的。其工艺特点包括以下几方面：一是大曲由大麦、豌豆制取，不是用小麦制取，且属于中高温大曲；二是发酵周期短，以前为11 ~ 14天，后适当延长至18 ~ 23天，是国家名酒中发酵周期最短的；三是新泥窖池发酵，即窖池的窖泥每年需要用新土更换一次；四是以酒海为贮存容器，其他酒一般都是瓷坛贮存。新酒需要贮存3年才能用于勾调生产商品酒。目前，凤香型白酒的酿造工艺有了以下几方面的改进：一是在大曲的制备原料中添加了小麦；二是发酵时间延长到了30天；三是香型向着凤浓、凤浓酱等复合香型发展等。

凤香型白酒主产于中国西北、东北一带，典型代表有陕西西凤酒股份有限公司的西凤酒和陕西省太白酒业有限责任公司的太白酒。

49 兼香型白酒的酿造

兼香型白酒是20世纪70年代初期，在学习名酒生产经验的基础上，创新性地将各种浓香和酱香型白酒的工艺结合后发展起来的。目前兼香型白酒以浓酱兼香型白酒为主，既有酱香型酒的幽雅细腻，又有浓香型酒的回甜爽净，口感舒适，浑然一体，别具风格。

国家标准对浓酱兼香型白酒的定义为：以粮谷为原料，采用一种或多种曲为糖化发酵剂，经固态发酵（或分型固态发酵）、固态蒸馏、陈酿、勾调而成的，不直接或间接添加食用酒精及非自身发酵产生的呈色呈香呈味物质，具有浓香兼酱香风格的白酒。

浓酱兼香型白酒典型代表是湖北白云边酒业股份有限公司的白云边酒和黑龙江省玉泉酒业有限责任公司的玉泉酒。这两种酒因为工艺的不同，香气特征也不同。

湖北白云边酒的特点是酱香中带有浓香，是以高粱为原料，在酱香型酿造工艺基础上结合浓香型工艺，3 ~ 4次投料，6次堆积，清蒸清烧和混蒸续糙相结合，泥窖发酵，9轮操作，7次取酒，长期贮存后，勾兑而成。与酱香型白酒酿造工艺相比，该工艺多了1轮次发酵和蒸酒，共有9轮次；除与酱香型白酒一样，在第1轮次和第2轮次投料外，还会在第7轮次和第8轮次再投料1 ~ 2次，共有3 ~ 4次投料；高温大曲和中温大曲结合使用，前面几轮次采用高温大曲发酵，后面2 ~ 3轮次或第8轮次使用中温大曲发酵；前面几轮次高温堆积和高温发酵，后面2 ~ 3轮次或第8轮次采用浓香型白酒工艺，低温发酵。

黑龙江玉泉酒的特点是浓香中带有酱香，是按照一定比例将酱香型白酒和浓香型白酒勾调而成的。两种香型的基础白酒是分别采用不同的酿造工艺生产，再分开陈酿后使用。此种工艺也称为“分型发酵产酒、分型陈酿，科学勾调”工艺。浓香型白酒是以高粱为原料，中温大曲为糖化发酵剂，采用“混蒸续糙”的固态酿造工艺生产的。酱香型白酒是采用1次投料，6轮次的酱香型白酒的典型工艺生产。6轮次后的酒醅，按照“混蒸混烧”浓香型白酒工艺继续使用。

50 董香型白酒的酿造

董香型白酒，曾被称为药香型白酒，开创了中国白酒的一个新流派、新香型。酒液清澈透明，香气幽雅，本草香舒适，入口醇和浓郁，饮后甘爽味长。“酯香、醇香、百草香”是董香型白酒香味的三个重要方面。

国家标准对董香型白酒的定义为：以高粱、小麦、大米为主要原料，按添加中药材的传统工艺制作大曲、小曲，用固态法大窖、小窖发酵，经串香蒸馏，长期储存，勾调而成的，不直接或间接添加食用酒精及非自身发酵产生的呈色呈香呈味物质，具有董香型风格的白酒。

董香型白酒的酿造是用高粱为原料，以大米制备的小曲（也称为米曲）固态发酵制备酒醅，以小麦制备的大曲固态发酵制备香醅（酒醅的一种），然后将酒醅放在下面、香醅放在上面进行固态蒸馏的工艺生产。其工艺特点：一是大曲和小曲同时使用，而且在制备大曲和小曲的过程都各自添加了中草药，二者共使用了130多种中药材；二是双醅串香法，即把两种酒醅放在一起蒸馏出酒的工艺。这种串香蒸馏工艺对白酒行业的发展产生了重要的影响，在很多白酒的生产中得到了广泛应用。

董香型白酒的典型代表是贵州董酒股份有限公司的白酒。董酒同时使用大小曲、大小窖两条生产线并行的酿造工艺，在白酒中独具特色。四川、江西、山东、湖北、云南、河南等地区也有类似的白酒生产。

51 豉香型白酒的酿造

豉香型白酒，也称豉味玉冰烧酒、肉冰烧酒，是一种小曲酒，具有“澄清透明、无色或略带黄色，玉洁冰清、豉香独特、醇和干滑、余味爽净”的特点。

国家标准对豉香型白酒的定义为：以大米或预碎的大米为原料，经蒸煮，用大酒饼作为主要糖化发酵剂，采用边糖化边发酵的工艺，经蒸馏、陈肉酝浸、勾调而成的，不直接或间接添加食用酒精及非自身发酵产生的呈色呈香呈味物质，具有豉香特点的白酒。

豉香型白酒是1984年从米香型白酒中分离出来的，并确认为一种香型的白酒，其酿造工艺是边糖化边发酵工艺的典型代表，因没有单独的糖化过程，用曲量比米香型大（为原料量的18%～20%），实际上是传统的液态发酵工艺。“陈肉酝浸”是豉香型白酒酿造工艺的另一个独特的工艺，即将蒸馏出来的新酒，要浸泡肥猪肉一段时间后，再过滤入库贮存。目前豉香型白酒已实现了机械化生产，大大提高了生产效率，降低了劳动强度，也稳定了产品质量。

豉香型白酒的主产地位于中国的广东省，典型代表为广东石湾酒厂集团有限公司的石湾玉冰烧白酒。

52 特香型白酒的酿造

特香型白酒是一种大曲酒，具有“酒色清亮、酒香芬芳、酒味纯正、酒体柔和”的特点。它的香气既清淡又浓郁，既幽雅又舒适；在口感上给人以醇和、绵甜、圆润、无邪杂味之感。它的整体风格上“三型具备犹不靠”，既具有酱香、浓香和清香的特点，但又具有自己的独特风格。

国家标准对特香型白酒的定义为：以大米为主要原料，以面粉、麦麸和酒糟培制的大曲为糖化发酵剂，经红褚条石窖池固态发酵、固态蒸馏、陈酿、勾调而成的，不直接或间接添加食用酒精及非自身发酵产生的呈色呈香呈味物质的白酒。

特香型白酒的酿造是采用“混蒸续糌”的固态工艺生产的，其工艺特点是“整粒大米为原料，大曲面麸加酒糟，红褚条石垒酒窖”。“大曲面麸加酒糟”是指特香型白酒采用大曲为糖化发酵剂，其大曲是由面粉（35% ~ 40%）、麦麸（40% ~ 50%）和酒糟（20% ~ 15%）按比例混合后制成的。这在白酒生产中是独一无二的。“红褚条石垒酒窖”是指特香型白酒的发酵窖池用江西的特产——红褚条石砌成，水泥勾缝，仅在窖底及封窖用泥。红褚条石质地疏松，孔隙极多，吸水性强，有益于酿造微生物的生长繁衍，这是特香型白酒风格形成的原因之一。

特香型白酒是中国江西省的特产，典型代表有江西四特酒有限责任公司的四特酒、江西酒厂有限责任公司的江西特曲、江西李渡酒业有限公司的李渡酒、江西浮云酒业有限公司的浮云特曲等。

53 老白干香型白酒的酿造

“老白干”含义为历史悠久（老）、酒色清澈透明（白）、酒度高（干）。老白干香型白酒是2007年正式确认的一种白酒香型，具有“酒体纯净、醇香清雅、甘洌丰柔”的特点。

国家标准对老白干香型白酒的定义为：以粮谷为原料，采用中温大曲为糖化发酵剂，以地缸等为发酵容器，经固态发酵、固态蒸馏、陈酿、勾调而成的，不直接或间接添加食用酒精及非自身发酵产生的呈色呈香呈味物质的白酒。

老白干香型白酒的酿造是以高粱为原料，中温大曲为糖化发酵剂，采用“混蒸续糙”的“老五甑”工艺生产的。其工艺特点除了原料、中温大曲和“混蒸续糙”的工艺外，还有采用地缸发酵，且发酵时间短（12 ~ 14天），同时出酒率高（达50%）等方面。另外，老白干香型白酒的贮存期短，一般为3 ~ 6个月。目前其酿造工艺已基本实现了机械化生产。

老白干香型白酒主产于中国华北、东北一带，典型代表为河北衡水老白干酒业股份有限公司的衡水老白干酒和十八酒坊酒。

54 芝麻香型白酒的酿造

芝麻香型白酒是中华人民共和国成立后自主创新的两大白酒香型之一，具有“无色或微黄色，清亮透明，芝麻香幽雅突出，醇和细腻，诸味协调，回味悠长”的特点，香味介于浓酱清三种香型之间。

国家标准对芝麻香型白酒的定义为：以粮谷为原料，或配以麸皮，以大曲、麸曲等为糖化发酵剂，经堆积、固态发酵、固态蒸馏、陈酿、勾调而成的，不直接或间接添加食用酒精及非自身发酵产生的呈色呈香呈味物质，具有芝麻香型风格的白酒。

芝麻香型白酒的酿造是采用混蒸续糙或清蒸续糙的固态工艺生产的，具有“大麸结合、三高一长”等特点。“大麸结合”是指以中高温大曲和麸曲同时为糖化发酵剂。“三高一长”是指高氮配料、高温堆积、高温发酵、贮存时间长。在芝麻香型白酒的酿造中，配料除了主要原料高粱外，还辅以适量的小麦、麸皮等。因麸皮中含有丰富的蛋白质，它的添加可以提高发酵原料中的“氮碳比”，即为高氮配料。“高温堆积”是指酒醅入池发酵前，先堆积发酵，温度可高达40 ~ 45℃。“高温发酵”是指酒醅入窖后，发酵温度比清香型和浓香型白酒的偏高，一般可达40℃以上，而且维持3天以上。芝麻香型白酒一般贮存2 ~ 3年时间，其芝麻香气特征才趋于稳定。

芝麻香型白酒在山东、江苏、黑龙江、吉林等地都有生产，典型代表有山东国井控股集团有限公司的国井香白酒、山东景芝酒业股份有限公司的一品景芝酒、泰州市梅兰春酒厂有限公司的梅兰春酒、济南趵突泉酿酒有限责任公司的趵突泉芝麻香白酒、泰山酒业集团股份有限公司的芝麻香五岳独尊酒等。

55 馥郁香型白酒的酿造

馥郁香型白酒，也称酒鬼香型白酒，是中华人民共和国成立后自主创新的两大白酒香型之一，具有“色清透明、诸香馥郁、入口绵甜、醇厚丰满、香味协调、回味悠长”的特点。

馥郁香型白酒为具有前浓、中清、后酱独特风格的白酒。

馥郁香型白酒的酿造是采用高粱、大米（籼米、粳米、糯米）、小麦和玉米等四种粮食为原料，经高温泡料、原料清蒸、小曲糖化、大曲发酵、低温入窖、窖泥增香、洞穴贮存、精心勾兑而成。馥郁香型白酒的生产工艺是一种将小曲和大曲两种糖化发酵剂有机结合起来的“清蒸清烧”固态酿造工艺。原料中以高粱为主，占总用量的40%。小曲是用大米粉为原料制备的，主要微生物是纯种根霉。大曲是以小麦为原料制备的，其制曲温度高达57 ~ 60℃，属于中高温大曲。

馥郁香型白酒主产于中国湖南省西部，典型代表为酒鬼酒股份有限公司的酒鬼酒、内参酒，是中国的地理标志产品。

56 江浙黄酒的酿造

江浙地区是我国黄酒主要生产和消费区域之一。江苏、浙江两省的黄酒产量和消费量占全国总量的70%以上。

江浙地区黄酒以大米（包括粳米、糯米、籼米等）作为主要酿造原料，以麦曲为糖化剂，利用酵母菌发酵，然后经压榨、澄清、过滤、煎酒、灌坛、陈化等工序酿制而成。生产工艺包括传统黄酒生产工艺和机械化黄酒生产工艺。目前，随着酿酒科技的不断进步，黄酒生产正逐步向绿色环保、优质高效、智能化酿造的方向发展。

浙江黄酒多为传统型黄酒，而江苏黄酒则以清爽型黄酒为主。清爽型黄酒生产用的部分糖化发酵剂为酶制剂和酵母，麦曲用量少，其口味较为清爽。

江浙地区黄酒产品种类众多，不同地区及不同种类黄酒的生产工艺各具特色。根据酿酒用曲的不同，可将黄酒分为麦曲类黄酒、米曲

类黄酒等。

（1）麦曲类黄酒

黄酒国家标准（GB/T 13662—2008）中根据其含糖量的不同，将黄酒分为干黄酒、半干黄酒、半甜黄酒和甜黄酒。这4种黄酒的酿造工艺特点各不相同。

①干黄酒

含糖量在15g/L以下的黄酒称为干黄酒。干黄酒的生产方法根据各地习惯而不同，有的用摊饭法，有的用淋饭法或喂饭法生产。这类黄酒配料时加水量较多，发酵醪浓度较稀，加上发酵温度控制较低，开耙（即搅拌冷却、调节温度）间隔时间短，因而有利于酵母菌的繁殖和发挥作用，使得原料发酵得较为彻底，酒中残留的淀粉、糊精和糖分等浸出物质相对较少，所以口味干决。摊饭法黄酒的代表酒种为绍兴元红酒。

嘉兴黄酒是喂饭发酵法的代表酒种。喂饭发酵法是将酿酒原料分成几批，第一批先以淋饭法搭窝做成酒母，然后分批加入新原料，起到酵母扩大培养和连续发酵的作用，它与东汉时曹操所用的“九投法”及《齐民要术》中记载的三投、五投、七投等酿酒法是一脉相承的，是根据微生物繁殖和发酵规律所创造的一种近代发酵方法。

②半干黄酒

含糖量在15 ~ 40g/L的黄酒称为半干黄酒。这类黄酒由于在配料中减少了用水量，相对来说就是增加了用饭量，因此有加饭酒之称。根据饭量增加的多少，加饭酒又分为单加饭和双加饭两种。加饭酒酿造精良、酒质优美，特别是绍兴加饭酒，酒液呈有光泽的琥珀色，香气芬芳浓郁，滋味鲜美醇厚。

③半甜黄酒

半甜黄酒的含糖量在40 ~ 100g/L之间，这是以酒代水酿造的结果。与酱油代水制造母子酱油的工艺相似，绍兴善酿酒是用元红酒代水酿制的酒中之酒。以酒代水使得发酵开始时已有较高的酒精含量，这在一定程度上抑制了酵母菌的生长繁殖，使得发酵不能彻底，从而保留了较高的糖分和其他成分，再加上原酒的香味，构成了半甜酒特有的酒精含量适中、味甘甜而芳香的特点。

④甜黄酒

糖含量在100g/L以上的黄酒称为甜黄酒。甜黄酒一般采用淋饭法酿制而成，即在淋冷的饭料中拌入糖化发酵剂，经一定程度的糖化发酵后，加入酒精含量为40% ~ 50%的糟烧白酒，以抑制酵母菌的发酵作用，而保持较高的糖分残量。因酒精含量较高，不致被杂菌污染，所以生产不受季节限制，一般多安排在炎热的夏季生产。各地生产的甜黄酒，因配方和操作方法各异，而有各自的风格。甜黄酒的代表有绍兴香雪酒、丹阳封缸酒等。

（2）米曲类黄酒

米曲有红曲、乌衣红曲和黄衣红曲三种，对应的有红曲黄酒、乌衣红曲黄酒和黄衣红曲黄酒。江浙地区的米曲酒主要为乌衣红曲黄酒。

乌衣红曲以籼米为原料酿制而成，主要含有红曲霉、黑曲霉和酵母菌等微生物，是我国黄酒酿造中的一种特种糖化发酵剂。乌衣红曲黄酒的酿造始于浙江温州，于20世纪70年代初推广到义乌、丽水、衢州等浙南地区以及临近的福建部分地区。

乌衣红曲黄酒的酿造原料为早籼米，由于籼米较难蒸煮，要采用“双蒸、双淋”的方法强化蒸饭操作。近年来，籼米蒸饭工艺逐步升级改进，已有酒厂采用先将浸泡后的籼米粉碎以利于蒸煮，然后再将其蒸熟，打散摊晾。

落缸之前，先用清水浸泡乌衣红曲，将曲中的酶及其他可溶性物质浸出，以利于酵母菌生长繁殖。浸曲是生产中的重要环节，直接关系到出酒率和酒的品质。

曲浸好后，加入摊晾的米饭（或米粉）落缸发酵，发酵时间一般为10～15天，发酵结束后即可压榨、煎酒、贮存。

福建黄酒的酿造

福建黄酒又称福建老酒、红曲黄酒，采用传统的独特酿制工艺，选用上等糯米，以古田红曲和多味名贵中药调制的药白曲为糖化发酵剂，利用天然气候，低温长时间发酵，培养其风味，冬酿春成，经压榨、杀菌后，酒液入坛密封陈酿3～5年，最后形成独特的产品风格。

红曲及红曲黄酒的酿造

红曲黄酒

关于红曲黄酒的发端，历史已很难查考，但从最早有文字记载的红曲中可以清楚地了解。唐代徐坚辑的《初学记》卷二十六器物部·饭第十二载："西旅，东墙王粲《七释》曰：西旅游梁，御宿素粲，瓜州红曲，参糅相半。软滑膏润，入口流散。"王粲的这一诗作，距今已接近2000年。这一描述，说明东汉时红曲黄酒已经流行。

由于配料不同，有辣醅（干型）、甜醅（甜型）和半辣醅（介于干型和甜型之间）三种黄酒类别。其中以福建老酒最为有名，它属于半甜红曲黄酒，酒呈红褐色，艳丽喜人，酒香浓馥，味道醇厚优美，柔和爽口。酿造过程如下。

（1）浸米：糯米首先要在水中浸泡，一般冬春浸泡8 ~ 12小时，夏季浸泡5 ~ 6小时为宜。

（2）淋米：用清水淋洗浸泡过的米，至流出的水不浑浊为止，然后沥干水分。

（3）蒸煮：蒸煮以大米熟透不烂为宜。

（4）摊晾：将米饭摊开冷却，摊晾温度根据下坛拌曲所需温度而定。

（5）下坛拌曲：下坛前将坛洗刷干净，然后用蒸汽灭菌，冷却后盛入清水，再投入红曲，浸泡7 ~ 8小时备用。将米饭灌入酒坛中，随后加入白曲粉，搅拌均匀，上面再铺一层红曲，用纸包扎坛口。一般下坛拌曲后的品温应控制在24 ~ 26℃。

（6）糖化发酵：一般在下坛后24小时，发酵开始升温，72小时达到旺盛期，品温最高，要注意开耙，不得超过35 ~ 36℃，之后品温逐渐下降，7 ~ 8天后接近室温，此阶段称为前（主）发酵期。

（7）搅拌：搅拌视醪液的外观情况而定。当醪面糟皮薄、用手摸发软，或醪中发出刺鼻酒香，或口尝略带辣、甜，或醪面中间下陷、出现裂缝，出现以上情况时即需进行搅拌。经90 ~ 120天发酵，酒醪成熟。

（8）板框过滤：将成熟的酒醪通过板框过滤器进行压榨过滤，得到酒液。

（9）澄清、杀菌、灌装：将过滤后的酒液静置，经澄清后，即可杀菌灌坛。

58 代州黄酒的酿造

代州黄酒的酿造采用的是典型的北方黄酒生产工艺，明清时期以代县阳明堡为中心的周边地区就已形成较为完善的制酒技艺。

代州黄酒以黍米，高粱、绿豆、酒豆、红枣、枸杞等为原料，以大曲为糖化发酵剂酿制而成。主要工艺流程如下。

（1）选料：选用本地所产的优质黍米，脱皮后得到黄米，另外配入绿豆、冰糖、优质红枣、酒豆等原料。

（2）制曲：将选用的几种粮食浸泡后蒸煮，降至适当温度后加入曲引拌匀，而后成型。在特定的温湿度条件下培养发酵，制得酒曲。

（3）酿酒：将黄米浸洗后入锅，加入适量水熬煮，煮好后出锅入缸，降温后均匀撒入酒曲，拌匀后封口进行保温发酵。期间不断观察温度变化，并适时搅动开耙，确保发酵顺利完成。发酵结束后，用沙包过滤得到黄酒原浆，之后在密封条件下保温熟化。

（4）成酒：将熟化过滤后的原浆，按比例加入由冰糖炒制成的焦糖浆，再加入由大枣、酒豆等加水熬制得到的料液，按比例调配勾兑，即可得到成品黄酒。再经一段时间陈化后即可装瓶上市。熟化时间越长，其味越醇，酒色棕黄，酒体透亮且无杂质，入口温润甘甜。

59 山东即墨老酒的酿造

山东即墨老酒是选用黍米、陈伏麦曲、崂山（麦饭石）矿泉水，按照“黍米必齐，曲蘖必时，水泉必香，陶器必良，湛炽必洁，火剂必得”的古代造酒六法酿制而成（即“古遗六法”），经自然发酵后压榨所得的原汁而成。即墨老酒具有色泽瑰丽、气味馥郁、香型独特、性质温馨、质地醇厚等特点。

山东即墨老酒是以脱壳的黍米为原料酿制而成的黄酒。与稻米黄酒相比，在生产方法上有较大区别，例如，黍米以煮代蒸，加入曲和酒母，生产操作上类似麸曲白酒。

山东即墨老酒主要生产工艺流程如下：

黍米→洗米→烫米（沸水）→散冷→浸泡→煮糜→冷却→拌曲糖化→加入酒母→落缸发酵→压榨→澄清→杀菌→成品。

五 白酒香型篇

60 白酒的香型

中国白酒因为酿造所用的原料、糖化发酵剂、发酵设备、酿造工艺、生产环境、贮存、勾调技术等方面的不同，使得不同品牌的白酒风味独具特色，风格各异。不同的原料产出的酒，风格差异很大："高粱产酒香、玉米产酒甜、大米产酒净、糯米产酒绵、小麦产酒冲"。不同的糖化发酵剂，因含有的微生物不同，不仅影响白酒的风味，而且影响出酒率。

中国白酒按照主体风味特征，可分为浓香型、清香型、酱香型、米香型、凤香型、兼香型、董香型、豉香型、特香型、老白干香型、芝麻香型、馥郁香型等12种主要香型。其中浓、清、酱、米香型是中国白酒的四大主要香型，浓、酱香型结合衍生出兼香型，浓、清香型结合衍生出凤香型，浓、清、酱香型结合衍生出特香型和馥郁香型，以酱香型为基础衍生出芝麻香型，以米香型为基础衍生出豉香型，以浓、酱、米香型为基础衍生出董香型，以清香型为基础衍生出老白干香型。中国白酒香型的衍生图谱如下所示：

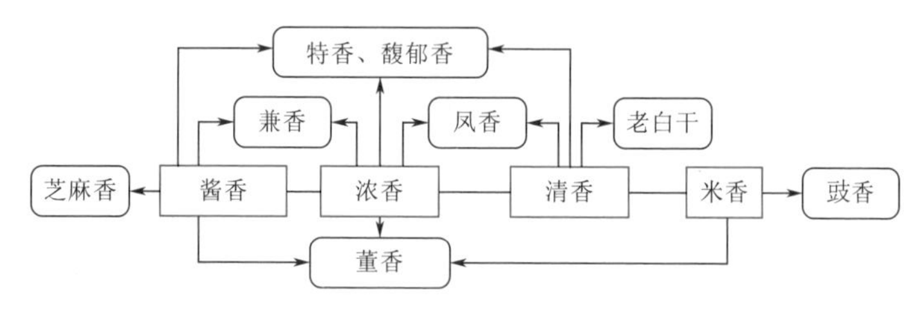

尽管有各种关于白酒香型特征的描述，但中国白酒香型的特征只有细细品味才能心有体会。

61 浓香型白酒

浓香型白酒的典型风格特征是窖香浓郁，具有以己酸乙酯为主体、纯正协调的复合香气，入口绵甜爽净，香味协调，回味悠长。

在浓香型白酒中，存在着两个风格有明显差异的流派，即以苏、鲁、豫、皖等地区的俗称江淮派淡雅浓香型和四川浓香型。前者以洋河大曲、双沟大曲、古井贡酒等为代表，其香味特点是突出己酸乙酯的香气，较为淡雅，而且口味纯正，醇甜爽净，又称为纯浓流派。后者以泸州老窖、五粮液、剑南春等为代表，其香味特点是口味绵甜，窖香浓郁，香味丰满。

浓香型白酒中已发现的微量有机物质有861种，包括酯类248种、内酯类13种、醇类122种、酸类65种、醛类53种、酮类83种、缩羰基类35种、烃类63种、酚类24种、醚类16种、含硫类29种、含氮类71种、呋喃类35种和其他4种，常见的有乙酸乙酯、丁酸乙酯、乳酸乙酯、己酸乙酯、正丙醇、异丁醇、异戊醇、苯乙醇、乙酸、丁酸、乳酸、己酸、乙醛、乙缩醛、糠醛、2, 6-二甲基吡嗪、四甲基吡嗪等。

酯类化合物在浓香型白酒中的各类成分中含量最大，其中己酸乙酯的含量最高，是除了乙醇和水之外含量最高的成分。它不仅含量高，而且香气阈值（0.76mg/L）较低，还有甜味、爽口的特点。因此，己酸乙酯决定了浓香型白酒的主要风味特征。除己酸乙酯外，在浓香型白酒酯类组分中含量较高的还有乳酸乙酯、乙酸乙酯、丁酸乙酯，共称为浓香型白酒的“四大酯”，浓度都在10 ~ 200mg/100mL。浓香型白酒中其他酯类与己酸乙酯的比例关系很重要，尤其是乳酸乙酯、乙酸乙酯和丁酸乙酯的比例，在一定程度上决定其香气品质。

有机酸类化合物是浓香型白酒中重要的呈味物质，它们的绝对含量仅次于酯类含量，总含量在140mg/100mL左右，约为总酯含量的1/4。乙酸、己酸、丁酸、乳酸等4种酸含量较高，在10mg/100mL以上。白酒中总酸与总酯的含量比例在一个合适的范围内，白酒的香气和口感才会比较好。另外，酒体口味持久时间的长短与一些沸点较高的有机酸密切相关。

醇类化合物也是浓香型白酒的重要呈味物质，总含量在103mg/100mL左右。在醇类化合物中，各组分的含量差别较大，以异戊醇含量最高，在30 ~ 50mg/100mL浓度范围内。仲丁醇、异丁醇和正丁醇口味很苦，它们含量高时，使酒带有明显的苦味；同时异戊醇的含量较高时，也会使酒体口味变差。高碳链的醇及多元醇在浓香型白酒中含量较少，较难挥发，并带有甜味，使酒体口味柔和，变得甜而浓厚。

羰基和缩羰基化合物在浓香型白酒中含量不多。其中乙醛和乙缩醛的含量最高，在10mg/100mL以上；其次是丁二酮、3-羟基-2-丁酮、异戊醛，浓度在4 ~ 9mg/100mL；再次为丙醛、异丁醛，含量在1 ~ 2mg/100mL。丁二酮和3-羟基-2-丁酮带有特殊香味，较易挥发，与酯类香气相互作用，使酒体香气丰满，酯香突出；在一定的浓度范围内，二者含量越高，浓香型白酒的香气品质越好。

62 清香型白酒

清香型白酒的风味特征是清香纯正，具有以乙酸乙酯为主体的清雅、协调的香气，入口微甜，香味悠长，落口干爽，微有苦味。

清香型白酒中已发现的微量有机物质有663种，包括酯类162种、内酯类12种、醇类93种、酸类45种、醛类49种、酮类67种、缩羰基类32种、烃类76种、酚类21种、醚类13种、含硫化合物22种、呋喃类24种、含氮化合物39种、其他8种，常见的有乙酸乙酯、丁酸乙酯、乳酸乙酯、戊酸乙酯、丁二酸二乙酯、正丙醇、异丁醇、异戊醇、苯乙醇、乙酸、丁酸、乳酸、丁二酸、乙醛、乙缩醛、糠醛、四甲基吡嗪等。酯类成分含量最高，其次是醇类、酸类、醛酮类、杂环类。清香型白酒的香味成分的总含量低于浓香型白酒。

在酯类物质中，乙酸乙酯的含量最高，一般在200mg/100mL以上。乳酸乙酯的含量仅次于乙酸乙酯，一般在100mg/100mL以上。乙酸乙酯和乳酸乙酯的含量，以及二者之间的比例关系，对清香型白酒的风味有很大的影响，一般在1:（0.6～0.8）。丁二酸二乙酯也是清香型白酒酯类成分中较为重要的成分，与β-苯乙醇相互作用，使清香型白酒具有甜香。

酸类成分对清香型白酒的口感有重要的影响，其中乙酸和乳酸是主要成分，各自的浓度范围在20mg/100mL以上，二者浓度的比值大约为1:0.8。乙酸和乳酸含量的总和占总酸含量的90%以上，其余的酸类成分含量都较少。清香型白酒中的总酸含量一般在

20～120mg/100mL左右，太高和太低都会影响其风味。

醇类成分也是清香型白酒很重要的风味物质，总含量在67mg/100mL左右，其中异戊醇、正丙醇和异丁醇的含量较高。醇类物质在清香型白酒各组分中所占比例较高，这是它的又一特点。清香型白酒的风味特点是入口微甜，刺激性较强，带有一定的爽口甜味，这些很大程度上与醇类物质有直接关系。

清香型白酒中的羰基和缩羰基类化合物含量不多，以乙醛和乙缩醛含量最高，二者含量总和占90%以上。乙醛和乙缩醛具有较强的刺激性味道，特别是乙缩醛具有干爽的口感特征，与正丙醇一起为清香型白酒提供爽口带苦的味感。

63 酱香型白酒

酱香型白酒的典型风味特征是有优雅的酱香气味，空杯留香，幽雅而持久；入口醇甜，绵柔，具有明显的酸味，口味细腻，回味悠长。

酱香型白酒中已发现的微量有机物质有623种，包括酯类163种、内酯类11种、醇类66种、酸类47种、醛类34种、酮类54种、缩羰基类23种、烃类62种、酚类29种、醚类8种、含硫化合物17种、呋喃类38种、含氮化合物67种、其他4种，常见的有乙酸乙酯、丁酸乙酯、乳酸乙酯、己酸乙酯、棕榈酸乙酯、正丙醇、异丁醇、异戊醇、β-苯乙醇、乙酸、丁酸、乳酸、己酸、乙醛、乙缩醛、糠醛、四甲基吡嗪、三甲基吡嗪等。

与其他香型白酒相比，酱香型白酒风味成分的特征是“三高一低二多”，即酸高、醇高、醛酮高、酯低、高沸点多、杂环多。

有机酸在酱香型白酒中的总量约300mg/100mL，明显高于浓香型和清香型白酒。在有机酸组分中，乙酸含量多，乳酸含量也较多，都在100mg/100mL以上，二者的含量是各类香型白酒相应组分含量之冠。

醇类在酱香型白酒中约270mg/100mL，其中尤以正丙醇含量最高，约140mg/100mL。醇类含量高还可以对其他香气组分起到较好的提升作用。

酯类在酱香型白酒中的含量低于其他香型白酒，一般在40～50mg/100mL，其中含量最高的是乙酸乙酯和乳酸乙酯。

醛酮类化合物在酱香型白酒中的总量是各类香型白酒相应组分含量之首，尤其是糠醛的含量（29.4mg/100mL）与其他香型白酒中的含量相比是最多的。

高沸点化合物在酱香型白酒中种类很多，是各香型白酒相应组分之冠。这些高沸点化合物包括高沸点的有机酸、有机醇、有机酯、芳香酸和氨基酸，能够使酱香酒的口味柔和，空杯留香持久，是酱香型白酒重要的风味组分。

含氮杂环化合物在酱香型白酒中的总含量很高（6.43mg/100mL），而且种类也很多，是在其他各香型白酒相应组分之首。其中，尤以吡嗪类化合物的种类最多和含量最高，四甲基吡嗪含量最高5.30mg/100mL。

64 米香型白酒

米香型白酒的典型风味特征是有以乙酸乙酯和β-苯乙醇为主体的淡雅复合香气，入口醇甜，甘爽，落口怡畅。口味上有微苦的感觉，香味持续时间不长。

米香型白酒是半固态发酵，酿造工艺较简单，发酵期也短，故其香味成分含量也相对较少，香气较柔和。米香型白酒中已发现的微量有机物质有109种，包括酯类34种、醇类21种、酸类19种、醛类10种、酮类9种、酚类6种、其他10种，常见的有乙酸乙酯、乳酸乙酯、棕榈酸乙酯、油酸乙酯、正丙醇、异戊醇、异丁醇、乙酸、乳酸、庚酸、乙醛、乙缩醛、糠醛等。

酯类化合物中，乳酸乙酯的含量约100mg/100mL，超过了乙酸乙酯（约25mg/100mL），使米香型白酒带有一定的苦味，这也是该香型白酒香气淡雅的一个主要原因。

醇类化合物的总含量（约170mg/100mL）超过了总酯（约134mg/100mL）含量，所以米香型白酒具有醇香，同时有较明显的苦味。β-苯乙醇的含量（约3.3mg/100mL）超过了清香型和浓香型白酒中的含量。因为米香型白酒的香味组分少，含量低，使得β-苯乙醇在整个香味组分中的比例大大提高，同时其香气阈值也较低，这样使得米香型白酒的香味特征以乙酸乙酯和β-苯乙醇为主体的复合香气。

有机酸在米香型白酒中的种类与含量较少，使得米香型白酒的口味浓厚感比浓香型或清香型白酒小得多，香味持续时间也短得多。酸类化合物中以乳酸（约100mg/100mL）含量最高，其次是乙酸（约22mg/100mL），二者含量之和占总酸含量的90%以上。

65 凤香型白酒

凤香型白酒的典型风格特征是无色清亮透明，具有醇香突出，以乙酸乙酯为主的、一定量的己酸乙酯和其他酯类香气为辅的微弱酯类复合香气，入口突出醇的浑厚、较刺激的特点，落口干净、爽口。

凤香型白酒中已发现的微量有机物质有109种，包括酯类36种、醇类19种、酸类18种、醛类6种、酚类12种、呋喃类8种、其他10种，常见的有乙酸乙酯、丁酸乙酯、乳酸乙酯、己酸乙酯、棕榈酸乙酯、正丙醇、异丁醇、异戊醇、β-苯乙醇、乙酸、丁酸、乳酸、己酸、乙醛、乙缩醛、糠醛、四甲基吡嗪、对甲酚等。凤香型白酒风味成分的特征介于浓香型和清香型白酒之间，其中总酸（约77mg/100mL）和总酯（160 ~ 280mg/100mL）含量明显低于浓香型白酒，略低于清香型白酒，而总醇含量（约130mg/100mL）明显高于这两类香型白酒。

在凤香型白酒中乙酸乙酯的含量高，一般在80 ~ 150mg/100mL，低于清香型和浓香型白酒中的含量。己酸乙酯的含量高于清香型白酒，而明显低于浓香型白酒。醇类化合物在凤香型白酒中含量较高，异戊醇含量最高，约52mg/100mL，其次是正丁醇、正丙醇和异丁醇，含量都在21mg/100mL左右。高含量的醇类组分使得凤香型白酒中醇香明显，这是凤香型白酒风味的一个特点。但高含量的醇类组分使得凤香型白酒的口感显得较为刺激。醛酮类化合物在凤香型白酒中的总含量（约79mg/100mL）与总酸含量相当，其中乙醛约36mg/100mL。

66 兼香型白酒

所谓“兼香型”白酒是指其风味上兼有浓香型和酱香型白酒风味的特点，并将这两种香型风格特征协调统一起来。

兼香型白酒的风味有两种风格：一种是以白云边酒为代表的风格，闻香以酱香为主，酱浓协调，入口放香有微弱的己酸乙酯的香气特征，香味持久；另一种是以玉泉酒为代表的风格，闻香有酱香及微弱的己酸乙酯香气，浓酱协调，入口放香有较明显的己酸乙酯香气，后味带有酱香气味，口味绵甜。

兼香型白酒中已发现的微量有机物质有171种，包括酯类55种、醇类23种、酸类15种、醛类10种、酮类4种、缩羰基类6种、酚类9种、含硫化合物3种、呋喃类9种、含氮化合物37种。这些风味成分中一些作为浓香和酱香型白酒风味典型代表的物质含量正好落在浓香和酱香型白酒之间，较好地体现了兼香型白酒浓、酱兼而有之的特点，比如己酸乙酯、己酸、糠醛、β-苯乙醇、丙酸乙酯、异丁酸乙酯、2, 3-丁二醇，异丁醇、异戊酸，以及吡嗪类化合物等。兼香型白酒中重要风味成分己酸乙酯的含量一般在60 ~ 120mg/100mL。

两种风格的兼香型白酒中风味成分也有比较明显的差异。玉泉酒中的己酸乙酯含量较白云边酒高出近1倍，玉泉酒的己酸含量超过了乙酸含量，而白云边酒则是乙酸含量大于己酸含量。此外，玉泉酒中糠醛含量高出白云边酒近30%，比浓香型白酒高出近10倍，与酱香型白酒较为接近；它的β-苯乙醇含量较高，比白云边酒高出23%，与酱香型白酒接近；丁二酸二乙酯含量也比白云边酒高出许多倍。

67 董香型白酒

董香型白酒又称药香型白酒，以董酒为代表，其风味特征是有较浓郁的酯类香气，药香突出，带有丁酸及丁酸乙酯的复合香气，入口能感觉到酸味，醇甜，回味悠长。“酯香、醇香和药香”是构成董香型白酒的几个重要方面，其中药香是其重要特征。

董香型白酒中已发现的微量有机物质有138种，包括酯类28种、醇类30种、酸类15种、醛类9种、酮类9种、烃类29种、酚类6种、其他12种，常见的有乙酸乙酯、丁酸乙酯、乳酸乙酯、己酸乙酯、正丙醇、异丁醇、异戊醇、乙酸、丁酸、戊酸、己酸、乳酸、乙醛、乙缩醛、丁二酮等。

酯类化合物在董香型白酒中以乙酸乙酯、丁酸乙酯、己酸乙酯和乳酸乙酯四大酯类为主，呈现一种复合酯香，不似浓香、清香型等其他香型白酒中有主体酯香。另外，董香型白酒中丁酸乙酯含量高，高于其他香型白酒3 ~ 4倍，这与董香型白酒酯香幽雅、入口又较浓郁的特点密切相关。乳酸乙酯含量低，为其他香型白酒的1/3 ~ 1/2，有利于突出董香型白酒干爽的风格。

醇类化合物在董香型白酒中的含量较大，总醇含量超过了总酯含量，醇酯比大于1。这一点与米香型白酒的组成有相似之处，即醇类组分对此香型白酒的风味具有较为重要的作用，这是董香型白酒的又一特征。另外，在醇类化合物中，正丙醇（147mg/100mL）、仲丁醇（133mg/100mL）和异戊醇（93mg/100mL）的含量较高。正丙醇、仲丁醇都有比较好的呈香感，香气清雅，与酯香复合，突出了此种香型香气幽雅的风格。

酸类化合物在董香型白酒中含量也较大，总酸含量大于总酯含量，主要由乙酸（132.1mg/100mL）、丁酸（46.2mg/100mL）、己酸（31.1mg/100mL）和乳酸（49mg/100mL）四大酸组成。与其他香型白酒相比，丁酸含量是其他香型白酒中的数倍乃至10倍，相对应的丁酸乙酯含量也较高，这使得董香型白酒中带有较明显的丁酸与丁酸乙酯的香气，这是董香型白酒香味组成上的一个重要特征。另外，其他香型白酒都是总酯含量大于总酸含量，而董香型白酒中则正好相反，这也是董香型白酒香气组成上的一个特点。高含量的酸对董香型白酒后味的爽口起着重要的作用。

董香型白酒在香气成分含量的量比关系上，可以概括为“三高一低”。三高：一是丁酸乙酯含量高；二是杂醇含量高，主要是正丙醇和仲丁醇含量高；三是总酸含量高，尤以丁酸含量高为主要特征。一低是乳酸乙酯含量低。

68 豉香型白酒

豉香型白酒以广东玉冰烧为代表，其典型风味特征是以乙酸乙酯和β-苯乙醇为主体的清雅香气，并带有明显脂肪氧化的腊肉香气，口味绵软、柔和，回味较长，落口稍有苦味，但不留口，后味较清爽。

所谓“豉香”，不是习惯上所称的“豆豉”食品的香气，它是米香型基础酒（也称为斋酒）在后熟工艺中浸泡肥肉后所产生的特殊复合香气，是玉冰烧酒特有的香气特征。

豉香型白酒中已发现的微量有机物质有122种，包括酯类30种、醇类27种、酸类27种、醛类9种、酮类3种、酚类16种、其他10种，常见的有乙酸乙酯、丁酸乙酯、乳酸乙酯、己酸乙酯、正丙醇、异丁醇、异戊醇、乙酸、丁酸、戊酸、己酸、乳酸、乙醛、乙缩醛、丁二酮等。

豉香型白酒的风味成分与米香型白酒相比较，也有自己的特点。首先，β-苯乙醇的含量相当高，2.0 ~ 12.7mg/100mL，平均6.6mg/100mL，居于所有香型白酒相应成分之首，比米香型白酒高出近1倍。这是豉香型白酒风味成分的一个特点。此外，由于斋酒经过了肥肉浸泡的过程，豉香型白酒中羰基化合物含量较高，同时含有相当数量的高沸点的二元酸酯，其主要成分为庚二酸二乙酯（0.578 ~ 0.736mg/L）、壬二酸二乙酯（1.61 ~ 1.70mg/L）、辛二酸二乙酯（1.12 ~ 1.94mg/L）。

豉香型白酒的风味特点与米香型白酒相比较，有其相似之处，也有其独特之处。从香气上来说，由于醇高、酯低，突出了醇香气味并带有淡雅的乙酸乙酯和β-苯乙醇为主体的复合香气，同时带有大米煮熟的淡淡香气，这是二者之间的相似之处；不同的是，豉香型白酒香气中β-苯乙醇的香气更为突出一些，并带有明显的脂肪氧化的陈肉香气。在口味上，豉香型白酒由于高沸点物质的存在，明显地比米香型白酒口味柔和，香味持久时间长，苦味也显得小。

69 特香型白酒

特香型白酒的典型风味特征是以乙酸乙酯和己酸乙酯为主体的酯类复合香气为主，还有轻微的焦煳香气；入口有较明显的庚酸乙酯样的香气，口味柔和持久，甜味明显。

特香型白酒中已发现的微量有机物质有133种，包括酯类44种、醇类21种、酸类25种、醛酮类16种、缩醛类6种、含氮化合物18种、含硫化合物2种、其他1种，常见的有乙酸乙酯、丁酸乙酯、乳酸乙酯、己酸乙酯、庚酸乙酯、棕榈酸乙酯、油酸乙酯、正丙醇、异丁醇、异戊醇、β-苯乙醇、乙酸、丁酸、戊酸、己酸、乙醛、乙缩醛、糠醛、四甲基吡嗪、三甲基吡嗪等。

酯类成分在特香型白酒中的含量最高，总含量352mg/100mL左右。在酯类化合物中，乙酸乙酯（135mg/100mL）、乳酸乙酯（112mg/100mL）和己酸乙酯（32mg/100mL）的含量最多，但由于己酸乙酯阈值较低，所以特香型白酒的酯香以己酸乙酯香气特征为主，这一点与浓香型白酒类似。另外，特香型白酒中富含奇数碳的脂肪酸乙酯，其含量是各类香型白酒相应成分之冠。这是特香型白酒的又一个重要特征。

醇类化合物在特香型白酒中的含量也较高，与酯类含量相当，其中正丙醇含量最高，59 ~ 307mg/100mL。正丙醇的高含量在各类香型国家名优白酒中居于首位，比其他国家名优白酒高4 ~ 5倍，是特香型白酒风味的又一个重要特征。

酸类化合物在特香型白酒中的含量排第三位，总含量130mg/100mL左右。其中乙酸含量最高，82mg/100mL左右，己酸、戊酸、丁酸、丙酸含量也较高。另外，高级脂肪酸及其乙酯在特香型白酒中的含量很高，是其他各类香型白酒所无法比拟的。其中，棕榈酸及其乙酯的含量最高，分别为2.46mg/100mL和7.09mg/100mL。这些高级脂肪酸及其乙酯对特香型白酒的口味柔和与香气持久具有重要作用。

羰基化合物中乙醛含量最高（17mg/100mL），缩醛类化合物中乙缩醛含量最高（24mg/100mL）。含氮杂环化合物的总含量0.18mg/100mL左右，其中吡嗪类化合物含量最高，四甲基吡嗪含量约为0.06mg/100mL。

70 老白干香型白酒

老白干香型白酒，以河北衡水老白干酒为代表，其典型风味特征是醇香清雅，具有乳酸乙酯和乙酸乙酯为主体的谐调的复合香气，酒体协调，醇厚甘洌，回味悠长，具有独特的风格。

老白干香型白酒中已发现的微量有机物质有554种，包括酯类167种、醇类78种、醛类31种、酮类54种、酸类34种、内酯类13种、含氮类36种、含硫类45种、呋喃类18种、缩醛类30种、酚类10种、醚类13种、烃类20种、酸酐类5种，常见的有乙酸乙酯、乳酸乙酯、己酸乙酯、正丙醇、异丁醇、异戊醇、乙酸、丁酸、异戊酸、乳酸等。

酯类化合物主要以乙酸乙酯、乳酸乙酯为主，二者比例为乙酸乙酯:乳酸乙酯＝1:（1.5～2.0）。其他酯类有己酸乙酯和丁酸乙酯，以及较多的棕榈酸乙酯等高级脂肪酸酯。有机酸含量较多的是乙酸、乳酸、戊酸和己酸。醇类含量较多的是正丙醇、异丁醇和异戊醇，其含量高于清香型代表酒——汾酒。

在老白干香型白酒的众多成分中，对其香气贡献大的物质有4-乙基愈创木酚、乙酸2-苯乙酯、丁酸、3-甲基丁醇、β-苯乙醇、2-乙酰基-5-甲基呋喃、苯丙酸乙酯、γ-壬内酯、3-甲基丁酸、香兰素、乙酸乙酯、1,1-二乙氧基-3-甲基丁烷、（2,2-二乙氧基乙基）苯等。

71 芝麻香型白酒

芝麻香型白酒是一种兼具浓、酱、清三大香型白酒的特点，又独具风格、自成一体的创新香型白酒。其典型风味是以乙酸乙酯为主要酯类的淡雅香气，焦香突出，入口放香以焦香和煳香为主，香气中带有似“炒芝麻”的香味；口味比较醇厚，爽口，似老白干类酒的口味，后味稍有苦味。

芝麻香型白酒中已发现的微量有机物质有299种，包括酯类72种、醇类46种、酸类36种、醛类14种、酮类29种、缩羰基类5种、酚类16种、含硫化合物23种、含氮化合物47种、其他11种，常见的有乙酸乙酯、丁酸乙酯、乳酸乙酯、己酸乙酯、正丙醇、异丁醇、异戊醇、乙酸、丁酸、戊酸、己酸、乳酸、乙醛、乙缩醛、三甲基吡嗪、四甲基吡嗪、二甲基三硫、3-甲硫基丙酸乙酯、3-甲硫基丙醛等。

在芝麻香型白酒中，体现浓香型白酒成分特点的己酸乙酯（44.0mg/100mL）及己酸（26.1mg/100mL）含量明显低于浓香型白酒和兼香型白酒，略高于酱香型白酒中的相应成分含量，明显高于清香型白酒的相应成分含量。这一点正好与其淡雅香气风格相吻合。

从乙酸乙酯（160mg/100mL）、丁二酸二乙酯（0.40mg/100mL）、正丙醇（17.1mg/100mL）和异戊醇（33.2mg/100mL）等成分的含量特点上看，它又有清香型白酒相应成分的含量特点。这使得其具有清香型白酒的某些风味特点。

对于糠醛、β-苯乙醇、苯甲醛三种与酱香型白酒密切相关的

成分来说，糠醛（8.94mg/100mL）在芝麻香型白酒中的含量低于酱香型和兼香型白酒，但高于浓香型和清香型白酒；β-苯乙醇（1.36mg/100mL）则与兼香型白酒基本相当，明显高于浓香型白酒；苯甲醛（1.7mg/100mL）的含量则比酱香型白酒还要高。

从整体上看，芝麻香型白酒的风味成分与浓香、清香和酱香型白酒中的成分大致相同，但由于一些特征性成分的含量与相互之间的量比关系，使得芝麻香型白酒与上述三大香型白酒的风味有较大的差异。

含硫化合物，如3-甲硫基丙醛、二甲基三硫等对芝麻香型白酒的风味特征有重要贡献。

72 馥郁香型白酒

馥郁香型白酒，以湘西酒鬼酒为代表，其典型风味特征是芳香秀雅、绵柔甘洌、醇厚细腻、后味怡畅、香味馥郁、酒体净爽。馥郁香型白酒巧妙地糅合了酱、浓和清香型白酒的风味，也是中国白酒中的一种创新香型白酒。

馥郁香型白酒中已发现的微量有机物质有200多种，常见的有乙酸乙酯、丁酸乙酯、乳酸乙酯、己酸乙酯、正丙醇、异丁醇、异戊醇、乙酸、丁酸、异戊酸、己酸、乳酸、乙醛、乙缩醛、糠醛等。

酯类化合物在馥郁香型白酒中的总含量较高，其中己酸乙酯和乙酸乙酯的含量较高，含量达100 ~ 170mg/100mL以上，二者含量接近，乙酸乙酯含量稍高一点。这是其他各香型白酒中所没有的，是馥郁香型白酒的一个特点。乳酸乙酯含量一般在53 ~ 72mg/100mL，

丁酸乙酯为16～29mg/100mL。馥郁香型白酒中的“四大酯”含量及量比与浓香型、清香型、川法小曲酒有很大差别，说明馥郁香型白酒用小曲工艺而非清香型小曲酒，用大曲工艺而又不同于浓香型大曲酒，形成了自己的独特风格。

有机酸在馥郁香型白酒中的含量也较高，总含量达到200mg/100mL以上，除低于酱香型白酒外，远高于浓香型、清香型和川法小曲酒。其中，己酸和乙酸占总酸量的70%，乳酸占19%，丁酸为7%。“四大酸”的含量比例关系虽与浓香型白酒大致相同，都是乙酸>己酸>乳酸>丁酸，但乙酸和己酸的含量是浓香型白酒的2倍以上；而清香型、川法小曲酒中有机酸种类单一，与馥郁香型白酒中丰富的有机酸相比差别明显。

醇类化合物在馥郁香型白酒中含量适中，总量一般在110～140mg/100mL，高于浓香型、清香型白酒，低于小曲清香型白酒。其中含量最高的是异戊醇，在40mg/100mL左右，其次是正丙醇（25～50mg/100mL），低于酱香、药香和特香型白酒，但超过了工艺上相对接近的浓香型、清香型和川法小曲酒。

六 白酒名酒篇

73 宝丰酒

宝丰酒是大曲清香型白酒的典型代表，其产地在河南省平顶山市宝丰县，是河南宝丰酒业有限公司的产品。宝丰酒可考证的酿造史是从北宋神宗年间开始，据《河南通志》《汝州志》和《宝丰县志》记载，北宋理学家程颢曾监酒并讲学于宝丰，当时酒坊有百余家；至清嘉庆时期，据《宝丰志》记载，公元1224年宝丰县纳酒税达四万五千贯，居全国各县之首。目前，宝丰酒是苏鲁豫皖地区规模以上白酒企业生产的唯一一款清香型白酒。宝丰酒遵循传统清香型白酒的“清蒸二次清”工艺：以高粱为原料，大麦、小麦和豌豆混合制低温大曲，采用清蒸清烧、地缸发酵、甑桶蒸馏、人工勾兑等工序酿制而成。酒体具有“清香纯正、绵甜柔和、甘润爽口、回味悠长”的风格特点。1989年在第五届全国评酒会上，宝丰酒获中国国家名酒称号；2008年，“蒸馏酒传统酿造技艺·宝丰酒传统酿造技艺”被列入第二批国家非物质文化遗产名录；2010年，注册商标“宝丰牌”被国家商务部认定为“中华老字号”。

74 白云边酒

白云边酒是浓酱兼香型白酒的典型代表，其产地在湖北省松滋市，是湖北白云边集团的产品。白云边以“诗仙”李白的诗得名，公元759年，李白携族弟李晔、友人贾至秋游洞庭，溯江而上，夜泊湖口（今松滋市境内），开怀畅饮，即兴写下“南湖秋水夜无烟，耐可乘流直上天，且就洞庭赊月色，将船买酒白云边”。白云边酒生产工艺结合了酱香型和浓香型的工艺特点，每年9月开始投料，次年6月结束：以高粱为原料，纯小麦高、中温制曲，三次投料，九次发酵，八次取酒，十轮操作，六次高温堆积，第七轮操作中进行第三次投料，加中温曲后直接入窖池，半砖半泥窖池发酵，分级蒸馏，瓷坛贮存。酒体具有“芳香优雅、酱浓协调、绵厚甜爽、圆润怡长”的风格特点。白云边酒在第三、四、五届全国评酒会上，三次获得中国国家优质酒称号。

75 董酒

董酒是董香型白酒的典型代表，其产地在贵州省遵义市董公寺镇，因地得名，是贵州董酒股份有限公司的产品。董酒可考证的最早历史为1937年，为当地酒坊酿造的“窖酒”。董酒在第二、三、四、五届全国评酒会上，连续4次获得中国国家名酒称号。2006年国家科学技术部和国家保密局将董酒的生产工艺定为“科学技术秘密”。其工艺特点为：以大、小曲为糖化发酵剂；小曲添加95种中草药，大曲添加40种中草药；碱性窖池，以煤封窖；用大曲、小曲分别发酵，大曲酒醅和小曲酒醅串香蒸馏。独特的工艺形成董酒风味物质“三高一低”（丁酸乙酯、杂醇和总酸含量高，乳酸乙酯含量低）的风格特点，赋予酒体丰富的萜烯类化合物。董酒具有“酯香幽雅，微带舒适药香，入口醇和浓郁，饮后甘爽、味长”的感官特征。2008年，董香型被贵州省地方标准（DB 52/T550—2008）确定为白酒新香型；2010年，注册商标“董”被国家商务部认定为“中华老字号”。

76 汾酒

汾酒又称“杏花村酒”，是清香型白酒的典型代表，被称作白酒的“酒魂”，其产地在山西省汾阳市杏花村镇。据二十四史《北齐书》记载，在南北朝时期，汾酒即作为宫廷用酒受到北齐武成帝的推崇；明、清时期，汾酒随着山西移民的全国迁徙及晋商的崛起而走向全国，与此同时传统清香型白酒的酿造工艺也因地制宜地发展变化，如由地缸衍变为窖池，为白酒多种香型的产生奠定了基础；民国时期，高粱汾酒在1915年“巴拿马万国博览会”上获得甲等大奖章；中华人民共和国成立后，轻工部于1964年开展了白酒的三大试点工作，其中汾酒试点首次明确乙酸乙酯是汾酒的主体香；1952 ~ 1989年的五届全国评酒会，汾酒均获得中国国家名酒称号。汾酒的“清蒸二次清”工艺是以高粱为原料，以大麦与豌豆制低温大曲，采用清蒸清烧、地缸发酵、甑桶蒸馏，人工勾兑等工序酿造生产，酒体讲究“一清到底”，口感“清澈干净、清香纯正、绵甜悠长”。2006年，杏花村汾酒酿制技艺被列入第一批国家非物质文化遗产名录；2010年，注册商标“杏花村”被国家商务部认定为“中华老字号”。

77 国井扳倒井酒

国井扳倒井酒产自山东省高青县山东扳倒井股份有限公司。企业拥有“国井”“扳倒井”两大品牌，主要生产淡雅浓香型、复粮芝麻香型、芝兼酱型白酒，是中国芝麻香型白酒领军企业、中国低度浓香型白酒著名企业。国井酒是中国白酒芝麻香型典型代表、复粮芝麻香型典型代表。

高青是中国酿酒文化起源地、酒祖仪狄故里。“仪狄造酒”是山东省非物质文化遗产。高青陈庄西周遗址是姜太公所建齐国初都，2009年入选“全国十大考古新发现”，出土的觥、盉、尊、彝等青铜酒器，印证了国井扳倒井所在地久远的酿酒史。

据《高苑县志》记载，一千年前，宋太祖赵匡胤征战至高青留下了“国井扳倒井”的典故，国井扳倒井酒由此得名。明末清初，扳倒井边有隆祥、瑞祺、宏昌、达盛、广济、天祥、晋益七家大型酒坊，因酒中芝麻香浓郁，深受饮者喜爱。清朝年间，当地酿酒师在原料中加入当地所产大米、小米等，以其独特的配方和蒸馏工艺，使原酒口感更加细腻、香醇。中华人民共和国成立后，企业公私合营，以老井窖车间为中心组建了国营高青县酿酒厂；1998年成立山东扳倒井股份有限公司。

国井扳倒井酒传统酿造技艺又称“井窖工艺”，创发于宋代，2009年入选山东省非物质文化遗产名录。2015年，扳倒井井窖遗址被认定为山东省重点文物保护单位。该工艺采用五步培曲法，大曲与麸曲合理使用，采用六粮配料，高温堆积，“井窖”固态高温发酵，清蒸混烧，分层蒸馏，量质摘酒。经陈年贮存，精心勾调，获得芳香幽雅、细腻绵润、诸味协调、回味怡畅的白酒佳品。

国井扳倒井被国家商务部认定为“中华老字号”，是中国名酒典型酒、国家地理标志保护产品。2007年，国井扳倒井第九纯粮固态发酵酿酒生产车间获“大世界基尼斯之最”。2011年，国井扳倒井“芝麻香型、浓香型白酒”通过有机认证。2012年，成立中国白酒行业首家院士工作站。2014年，国井1915酒庄获“大世界基尼斯之最”，成为“中国白酒第一酒庄”。2017年，扳倒井酒成为中欧地理标志互认互保产品。

78 贵州茅台酒

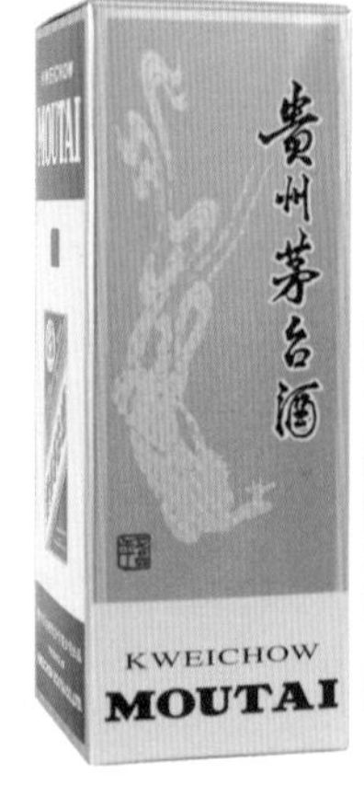

贵州茅台酒产于贵州省遵义市仁怀市茅台镇，是大曲酱香型白酒的鼻祖，风格“酱香突出，幽雅细腻，丰满醇厚，回味悠长，空杯留香持久”，蝉联第一至五届全国评酒会国家名酒称号。

据《史记》记载，西汉建元六年（公元前135年），南越国（今仁怀市一带）盛产“蒟酱酒”。明弘治年间后，随着陕西盐商控制了川盐入黔，茅台镇作为赤水河的重要码头，逐渐繁荣起来，带动了域内白酒业的发展。清代诗人郑珍的“蜀盐走贵州，秦商聚茅台”诗句即为这一场景的生动写照。清康熙四十三年（公元1704年），“偈盛烧房”将其所产酒正式定名为茅台酒。清代《旧遵义府志》记载，道光年间（1821—1850年），“茅台烧房不下二十家，所费山粮不下二万石”，清代茅台镇酒业兴旺盛况可见一斑。1951年，茅台镇成义、荣和、恒兴三家私营酿酒作坊合并，成立国营茅台酒厂，现转制为贵州茅台酒股份有限公司。

茅台酒的传统生产工艺，采用当地糯红高粱为原料，以条石壁泥底窖池为发酵容器，经两次投料、九次蒸煮、八次发酵、七次取酒、长时间陶坛贮藏、不同轮次不同香型不同酒精度不同贮存年份的基酒勾调而成，从原料投入到产品出厂历经4年以上时间。生产工艺特点为三高三低，三多两长一少。三高指高温制曲、高温堆积、高温馏酒；三低指大曲糖化率低，入窖酒醅水分低，出酒率低。三多指粮耗多（五斤粮食出一斤酒），用曲量多（大曲与高粱用量比例为1 ：1），发酵轮次多（八轮次）；两长指生产周期长（约10个月），贮藏时间长（一般3年以上）；一少指辅料用量少。

贵州茅台酒深受国人推崇，在我国政治、外交和经济生活中发挥着重要作用，品牌价值位居国内白酒行业第一。

79 古井贡酒

古井贡酒是中国八大名白酒之一，产自安徽省亳州市谯城区古井镇，属于大曲浓香型白酒，以“色清如水晶、香纯似幽兰、入口甘美醇和、回味经久不息”的独特风格，连续四次被评为中国国家名酒，被誉为“酒中牡丹”“中华第一贡”。

据《齐民要术》记载：东汉建安元年（即公元196年），曹操将家乡亳州产的“九酝春酒”进献给汉献帝刘协，并上表说明九酝春酒的制法——《九酝酒法》，汉献帝大为赞赏，九酝春酒自此成为皇家贡酒，亳州一带酿酒作坊也因此一直十分繁荣，对亳州酿酒业的发展产生了深远的影响。今天安徽古井贡酒股份有限公司的前身起源于明代正德十年（公元1515年）的公兴槽坊，1959年成立国营亳县古井酒厂，

1992年成立集团公司。

古井贡酒在传承和发扬古法酿造技术的基础上，配合使用贮存期不少于六个月的“两花一伏”大曲进行发酵生产。所谓“两花一伏”是指春季生产“桃花曲”、夏季生产“伏曲”、秋季生产“菊花曲”。不同季节生产的酒曲中微生物和酶的组成不同，具有不同的糖化发酵能力。古井贡酒采用多曲酿造，将三种酒曲分别按不同比例混合在不同轮次发酵中使用，发挥大曲中不同有益微生物的最佳作用。并用“三高一低”（入池淀粉高、入池酸度高、用曲量高、入池温度低）和“三清一控”（清蒸原料、清蒸辅料、清蒸池底醅、控浆除杂）的独特技术，将酒醅经过60 ~ 180天酝酿后，择层取醅、择时摘酒、分级贮存，于瓷坛窖藏，经尝评、分析、勾调和陈酿后包装出厂，从原料投入到产品出厂至少要经历5年的时间。古井贡酒年份原浆系列是其当前核心产品。

2010年，古井贡酒酿酒遗址被列为“国宝单位”，“千年古井贡酒传统酿制技艺”被列为非物质文化遗产。2018年9月，《九酝酒法》被载入吉尼斯世界纪录，是有纪录可考的最古老的酿酒方法。

80 桂林三花酒

桂林三花酒是米香型白酒的典型代表，其产地在广西壮族自治区桂林市，属“桂林三宝”之一。据《临桂县志》记载，桂林酿酒业已有一千多年的历史。宋代诗人范成大在桂林为官时，所著《桂海虞衡志》中称三花酒“得来桂林，如饮瑞露”。1987年，贾平凹为桂林三花酒题词“饱餐桂林山水，痛饮三花美酒”。三花酒的得名有两种说法：其一，因酿造时蒸熬三次，摇动可泛起无数泡花，质佳者，酒花细，起数层，俗称“三熬堆花酒”得名；其二，三花酒取清纯的漓江水酿成，即“漓水花”，采用优质大米精酿，即“禾稻花”，选用桂林独有的香草制酒曲，即“芳草花”，“漓水花，禾稻花，芳草花，三花香天下”得名。桂林三花酒的典型生产工艺为：采用大米为原料，以小曲为发酵剂，半固态发酵，液态蒸馏，陶瓷缸密封，山洞储存，人工勾兑而成。酒体具有“蜜香清雅，入口柔绵，落口爽洌，回甜，饮后留香”的风格特点，其主体香成分为β-苯乙醇和乳酸乙酯。在第二、三、四、五届全国评酒会上，桂林三花酒连续被评为中国国家优质酒；2010年，注册商标“桂林”被国家商务部认定为“中华老字号”。

81 黄鹤楼酒

黄鹤楼酒产自湖北省武汉市，得名于“天下江山第一楼”的黄鹤楼。早期产品为大曲清香型白酒，具有绵柔醇厚、优雅净爽、余香回味悠长的特点。近年则变为“一楼三香”，依托黄鹤楼品牌同时生产清香、浓香和浓酱兼香型白酒。

历史上的黄鹤楼酒久负盛名，南宋《述异记》里记载了黄鹤楼以及黄鹤楼酒的由来，传说“有位辛氏卖酒人，因所酿美酒醇绵净爽，风格独特，故名声鹊起……”，讲的是曾有道士在辛氏酒店的墙上画了只会跳舞的黄鹤，后来道士乘黄鹤而去，此地起楼曰黄鹤楼，辛氏所酿美酒称为黄鹤楼酒的故事。公元1898年湖广总督张之洞曾将黄鹤楼酒进献光绪帝，被赐名“天成坊”，寓意“佳酿天成，国富民强”。这

便是黄鹤楼酒的前身。

中华人民共和国成立后，1952年，在“老天成”酒坊的基础上合并“白康”和“同源”等汉汾酒槽坊成立了武汉市国营武汉酒厂，1984年更名为武汉黄鹤楼酒厂，2003年重组为武汉天龙黄鹤楼酒业有限公司，2016年与古井贡酒战略合作，2018年更名为黄鹤楼酒业有限公司。1984年和1989年，黄鹤楼酒厂生产的“特制黄鹤楼酒”两度获得全国评酒会的中国国家名酒称号，成为清香型名酒之一，被民间誉为“南楼北汾”。

黄鹤楼酒清香型白酒以优质高粱为主要原料，采用大曲为糖化发酵剂，清蒸清烧，一次投料，两次发酵。浓香型白酒以五粮为主要原料，采用中高温大曲为糖化发酵剂，混蒸混烧，遵循传统的“老五甑”工艺。目前核心产品有大清香系列、陈香系列、生态原浆系列、楼系列、小黄鹤楼系列。2011年，黄鹤楼酒被国家商务部认定为“中华老字号”。2017年，黄鹤楼酒被中国商务部认定为中国驰名商标。

82 衡水老白干酒

衡水老白干酒产于河北省衡水市，是河北衡水老白干酿酒（集团）有限公司的产品，是老白干香型的代表酒，具有“酒体纯净、醇香清雅、甘洌丰柔”的风格，闻着清香，入口甜香，饮后余香。

衡水古称桃县、桃城，属冀州，酿酒历史悠久。东汉和帝永元十六年（公元104年）春，因“雨多伤稼”，“诏禁冀州沽酒”，侧面反映了当时冀州酿酒业已颇具规模。唐玄宗开元十四年（公元726年），大诗人王之涣任冀州桃县主簿时，盛赞衡水酒“开坛十里香，飞芳千家醉”。明嘉靖年间，衡水有名酒坊十八家，其中，“德源涌”所酿之酒因酒质“洁”“干”，命名为“老白干”。“老”，指历史悠久；“白”，指酒质清澈；“干”，指酒度高（可达67度），燃烧后不留水分。之后衡水酒纷纷以老白干命名。清代，衡水酿酒进入鼎盛时期，城内有三十余家酒坊。1915年，“恒盛号”携衡水老白干酒以“直隶（官厅）高粱酒”名义赴美参加首届巴拿马万国博览会，获甲等大奖章。衡水全境解放后，衡水县政府于1946年春将衡水县的十八家私营酒坊赎买收归国有，成立冀南行署地方国营衡水制酒厂。1996年11月，组建河北衡水老白干酿酒（集团）有限公司。

衡水老白干酒以优质高粱为原料，纯小麦中温制曲，地缸发酵30天左右，采用续糙配料混蒸混烧老五甑生产工艺，分段摘酒，分级入库，瓷坛贮存，勾调而成。

2006年，衡水老白干酒被商务部认定为首批“中华老字号”；2008年，衡水老白干酒传统酿造技艺被文化部认定为“国家级非物质文化遗产”。

83 剑南春酒

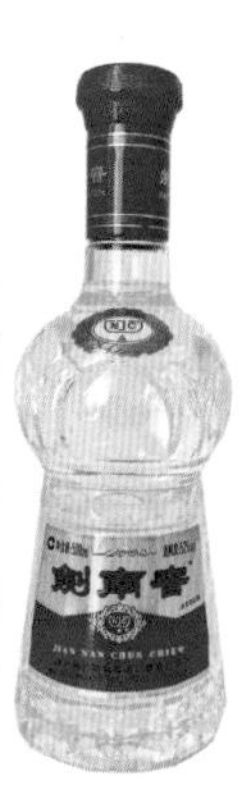

剑南春酒是浓香型白酒，产地在四川省绵竹市，是四川剑南春集团的产品。剑南春酒的酿造史最早可追溯到战国时期，绵竹地区曾出土了战国时期的铜垒、提梁壶等11件铜制酒器。其确切文献记载始于唐代，据《唐国史补》记载，唐武德年间的全国美酒包括“荥阳之土窖春……剑南之烧春”；唐《德宗本纪》记载，唐大历十四年“剑南烧春”被定为皇室贡酒。“天益老号”酒坊遗址的发现和挖掘则系统展示了从原料浸泡、蒸酒到最终废水排放的完整酿造工艺。剑南春酒以高粱、大米（籼米、粳米、糯米）、小麦、玉米等为原料，采用小麦制曲，经泥窖固态发酵、续糟混蒸、甑桶蒸馏、瓷坛储存、人工勾兑等传统工艺酿制而成。酒体具有“芳香浓郁、纯正幽雅、绵柔甘洌、丰满圆润、香味协调”的风格特征。在第三、四、五届全国评酒会上，剑南春酒3次获得中国国家名酒称号；2005年，国家质检总局颁布的GB/T 19961—2005正式规定对剑南春酒实施地理标志产品保护；2006年，注册商标“剑南春”被国家商务部认定为“中华老字号”；2008年，“蒸馏酒传统酿造技艺·剑南春酒传统酿造技艺”被列入第二批国家非物质文化遗产名录。

84 酒鬼酒

酒鬼酒是馥郁香型白酒的典型代表，产地在湖南省湘西土家族苗族自治州首府吉首市，是湖南酒鬼酒股份有限公司的产品。酒鬼酒的酿造史与少数民族习俗及神秘的湘西文化紧密相关，据考证，春秋战国时代，湘西已有“醉乡”之名，对酒歌、拦门酒、开秧酒等习俗盛行至今。酒鬼酒是由湘泉酒演变而来，其在20世纪80年代中期定型，1988年由黄永玉先生设计，于1989年正式面世。酒鬼酒以中国文化酒为导向，引起艺术界和文化界的极大推崇，进而快速崛起。2005年正式确立酒鬼酒为白酒行业的创新香型——馥郁香型。酒鬼酒的典型生产工艺为：酿酒原料以高粱为主，辅以大米、糯米、小麦和玉米，以小曲培菌糖化、大曲配醅发酵、泥窖提

质增香、粮醅清蒸清烧、洞穴贮存陈酿、组合勾兑而成。其独特的工艺赋予了酒鬼酒兼具浓、清、酱三大白酒基本香型的特征，一口三香，前浓、中清、后酱，酒体具有“芳香秀雅、绵柔甘洌、醇厚细腻、后味怡畅、香味馥郁、酒体净爽”的独特馥郁香型风格特征。2008年，国家质检总局颁布的GB/T 22736—2008正式规定对酒鬼酒实施地理标志产品保护。

85 景芝酒

景芝酒是芝麻香型白酒的典型代表之一，产地在山东省安丘市景芝镇，是山东景芝酒业股份有限公司的产品。据《安丘县志》记载，明洪武年间，安丘县年缴纳酒税可达“一百锭四贯”；至清代，景芝酿酒进入兴盛期，光绪《安丘乡土志》记载安丘地区以景芝产酒最醇，清《宣统山东通志》“物产”中记载“烧酒以安丘景芝镇为最盛”；民国时期，景芝地区据称有72座烧锅，形成“泰和”“裕兴”“裕顺”等规模较大的酒坊。景芝酒的生产融合了“酱、浓、清”三种香型白酒的酿造工艺：以高粱为原料，采用大麸结合、双轮发酵、清蒸清烧、泥底砖窖、人工勾兑的生产模式，其工艺具有高氮配料、高温堆积、高温发酵、长期贮存的“三高一长”特点。酒体具有

“芝麻香幽雅纯正，醇和细腻，香味协调，风格典雅”的典型风格。芝麻香是中华人民共和国成立后的创新香型之一，在此过程中，景芝酒做出了突出贡献，1957年，首先在景芝白乾中发现有“近似芝麻香的味道”；1965年，轻工部的临沂试点对景芝白乾芝麻香成分进行了初步研究；1995年，由原轻工总会发布了芝麻香型白酒行业标准QB/T 2187—1995；2007年，由国家质检总局、国家标准化委员会发布了芝麻香型白酒国家标准GB/T 20824—2007。2006年，注册商标“景芝”被国家商务部认定为“中华老字号”；2008年，国家质检总局颁布的GB/T 22735—2008正式规定对景芝酒实施地理标志产品保护。

小说、电影和电视剧《红高粱》中三十里红酒的原型就是景芝酒。

86 金门高粱酒

金门高粱酒自创“金门香型”，产地在中国台湾省金门县，是金门酒厂实业股份有限公司的产品。金门高粱酒最早是1952年由当时驻守金门的指挥官胡琏将军建立的“九龙江酒厂”酿制。其典型生产工艺为：采用纯小麦、糯红高粱为原料，采用“三高、二低、一翻”的酿造技艺，即“高温制曲，高压蒸饭，高温接酒”“低温入池，低温发酵”“翻醪工艺”，借助独有的坑道窖藏，形成金门高粱酒“清香纯正，醇甜爽净，自然协调，饮后余香”的风格特点。金门高粱酒是台湾省白酒第一品牌。作为台湾符号和海峡两岸关系的黏合剂，金门高粱酒是台湾政要出访时携带的佳礼，被誉为“和平之酒”。2005年，连战、宋楚瑜、郁慕明先后访问祖国大陆时，他们所带的共同礼品就是金门高粱酒；2015年，“习马会”马英九向习近平赠送金门陈年特级高粱酒。2007年金门高粱酒获得由中国食品工业协会颁发的“中国纯粮固态发酵白酒”证书。

87 泸州老窖酒

泸州老窖位于四川省泸州市，是在明清36家酿酒作坊基础上发展起来的国有大型骨干酿酒企业，是中国浓香型白酒发祥地，被誉为“浓香鼻祖”，拥有“国窖1573”“泸州老窖”“泸州”等全国驰名品牌。其中：国窖1573是高端浓香型白酒代表产品，名称源于我国建造时间最早、保存最完整、持续生产从未间断的“1573国宝窖池群”，该窖池群1996年被评为行业首家“全国重点文物保护单位”；泸州老窖传统酿制技艺创制于公元1324年，2006年被评为国家首批非物质文化遗产。

1952年首届全国评酒会上，泸州老窖被评为中国国家名酒，并蝉联历届全国评酒会“国家名酒”称号；1957年，轻工业部对泸州老窖酿造技艺进行查定、总结，出版中国首部酿酒教科书《泸州老窖大曲酒》；20世纪60年代起，泸州老窖在全国开办酿酒技术培训班，创办了中国最早的酿酒技工学校——“泸州老窖酒厂技工学校”；2013年，泸州老窖1619口百年以上窖池、16家明清作坊及3大藏酒洞一并入选“全国重点文物保护单位”，文物数量和类别居行业之首。泸州老窖酒体具有“无色透明、窖香优雅、绵甜爽净、柔和协调、尾净香长”的典型风格，主体香成分为己酸乙酯。

88 郎酒

郎酒是产自于四川省泸州市古蔺县二郎镇的一种白酒，是四川郎酒集团有限责任公司的产品。其可考证的前身为清朝光绪年间由“惠川糟房”“集义糟房”和“絮志酒厂”酿造的“回沙郎酒”。郎酒本身不具有香型含义，同时具有浓香型、酱香型和兼香型三种香型白酒，但酱香型白酒是其最具代表性产品。酱香型郎酒的典型生产工艺为：以高粱和小麦为酿造原料，经两次投粮、九次蒸煮、八轮加曲发酵、七次取酒，再经洞藏，勾兑而成。具有“四高二长、一大一多”的工艺特点，即高温制曲、高温堆积、高温发酵、高温馏酒，生产周期长、存储时间长，大曲用量大，多轮次发酵取酒，形成了郎酒“酱香突出，幽雅细腻，丰满味长”的典型风格。在第四、五届全国评酒会上，郎酒两次获得中国国家名酒称号。2006年，注册商标“郎牌”被国家商务部认定为“中华老字号”；2008年，“蒸馏酒传统酿造技艺·古蔺郎酒传统酿造技艺”被列入国家第二批非物质文化遗产名录。

89 琅琊台酒

琅琊台酒是一款由位于青岛胶南的琅琊台集团公司出品的浓香型白酒，具有“窖香浓郁、绵甜甘洌、落口爽净、回味悠长”等浓香型白酒的特点。

相传西周时期，姜子牙分封诸神，将掌管春夏秋冬的四时之主设立在琅琊台，于是琅琊台也成为了中国最古老的天文台之一。公元前472年，越王勾践迁都琅琊，将吴越之地的酿酒方法传到琅琊，当地人民取琅琊山的泉水酿成美酒献与勾践，勾践为酒取名“琅琊红”；据《史记》记载，秦始皇统一六国后，五巡天下，三登琅琊台，赐名“琅琊台御酒”。此后也有很多文人墨客、侠义之士，慕名来登海上仙山、饮琅琊台酒，留下很多诗词佳话。从琅琊台酒这个名字里可以感受到绵延千年的文华底蕴。

1958年，当地酿酒作坊合并组建了胶南县商业局第一酒厂，2002年成立了青岛琅琊台集团股份有限公司，白酒产业一直是其基础产业。琅琊台白酒的生产有其特有的工艺特色，即：三粮制曲（小麦、大麦、豌豆），五粮酿造[高粱、大米（籼米、粳米、糯米）、小麦、玉米]，多轮发酵（窖底醅发酵2～3个轮次），分段摘酒（每甑分成3段），长期贮存（基酒贮存时间3年以上）。同时，琅琊台白酒在生产上采用“一高一低两适宜”（入池淀粉高、入池温度低、入池水分和入池酸度适宜）和“三清一控”（清蒸原料、清蒸辅料、清蒸窖底醅和控水除杂）的工艺措施，酒醅发酵期为80 ~ 240天。

2015年，琅琊台白酒酿造工艺入选“青岛市非物质文化遗产保护名录”，琅琊台白酒先后获评“山东名牌”“山东老字号”“中国白酒工业十大区域优势品牌”等多项荣誉称号，成为2018年上海合作组织青岛峰会指定用酒。“瑯琊台”和“小瑯高”是其各具特色的两个中国驰名商标。

90 毛铺苦荞酒

毛铺苦荞酒是湖北劲牌有限公司生产的一款健康白酒，具有酒色淡黄、荞香优雅、醇厚柔和、入口回甘的特点。

以优质苦荞麦为原料，采用机械化、智能化小曲白酒酿造新工艺进行原酒酿造，所酿苦荞原酒经瓷缸储存3年以上，与优质糯高粱小曲酒、大曲浓香和酱香原酒按一定比例勾调成基础白酒，采用现代化提取技术将苦荞麦、葛根、枸杞、山楂等药食两用材料经醇提、浓缩制备成高活性成分的功能复配提取液，最后实现复配液与基酒的融合，制作成毛铺苦荞酒。

毛铺苦荞酒既保留了传统白酒的口感和风味，又含有苦荞麦功能成分，确保了其健康内涵。经检测，毛铺苦荞酒中除含有乙酸乙酯、

己酸乙酯、庚酸乙酯、乳酸乙酯、苯酚、对甲基苯酚、4-甲基愈创木酚、4-乙基愈创木酚、2-甲基吡嗪、2, 3-二甲基吡嗪、三甲基吡嗪、四甲基吡嗪、乙酸、丁酸、己酸、庚酸、辛酸、癸酸等微量成分外，还含有高含量的主要功能成分苦荞黄酮和葛根素，其中苦荞黄酮含量在50mg/L以上，葛根素含量在5mg/L以上。

毛铺苦荞酒是荞麦香型白酒的典型代表，2013年上市以来，已成为消费者广泛认可的新型健康白酒，开创了健康白酒发展的新方向。

91 牛栏山二锅头酒

二锅头是最早使用工艺名称命名的白酒品类。它脱胎于北京“烧刀子”工艺，始兴于康乾年间，迄今三百多年历史。

牛栏山二锅头是牛栏山酒厂出品二锅头系列产品的泛称。牛栏山酒厂隶属北京顺鑫农业股份有限公司，位于北京市顺义区牛栏山镇，潮白河西畔，是目前二锅头产业的领先企业和领导品牌之一，其产品具有突出的二锅头清、爽、醇、净的特点，主导产品“经典二锅头”“传统二锅头”“百年”“珍牛”“陈酿”等五大系列，畅销全国各地并远销海外多个国家和地区，深受广大消费者的青睐。

牛栏山镇因依傍牛栏山而得名，可上溯至3000年前周初时期的酒文化，钟聚神山甜井、潮白河之灵气，为二锅头酒开源立宗。300

多年来，因专心酿好酒，口碑日隆；以古法谱新篇，长盛不衰。康熙《顺义县志》记载，牛栏山地区的“黄酒、白酒”为远近闻名之“物产”。民国《顺义县志》记载：“造酒工：做是工者约百余人，所酿之酒甘洌异常，为平北特产，销售邻县或平市，颇脍炙人口，而尤以牛栏山酒为最著。”

牛栏山二锅头酒以高粱为原料，以豌豆、大麦等制成大曲为发酵剂，以地缸进行发酵，具有酒体协调、清雅柔和、纯正爽净的特点。而牛栏山二锅头酒的高品质除了源于得天独厚的自然环境和源远流长的历史外，主要得益于数百年来对传统技艺的完善与坚守。据史料记载，牛栏山二锅头酒传统酿制技艺发端于明末清初，成熟于中清，至今已有三百年。数百年来，经过代代酿酒人不断完善与革新，牛栏山二锅头酒传统酿制技艺已日臻完善，并于2008年正式被列为国家级非物质文化遗产。正是源于对传统酿制技艺的传承与坚守，成就了二锅头具有匠心品质的好酒品类。

92 全兴大曲酒

全兴大曲酒是浓香型白酒，产地在四川省成都市，是四川全兴酒业有限公司的产品。全兴大曲酒的历史可追溯到元末明初的“锦江春”白酒，1998年考古发掘的“水井坊”酿酒遗址，进一步证实全兴大曲白酒兴于元末明初；清朝末期1824年，成都老字号酒坊“福升全”更名为“全兴成”，售卖白酒统称“全兴酒”；1950年，由川西专卖局赎买“全兴老号”等酒坊，生产白酒统称“全兴大曲酒”。全兴大曲酒在第二、四、五届全国评酒会上，3次获得中国国家名酒称号。该酒以高粱为原料，以小麦制成中温大曲，采用传统老窖分层堆糟工艺，经固态发酵、续糟润粮、混蒸混烧、中温馏酒、分坛贮存、精心勾调而成。全兴大曲酒质清澈晶莹，具有“窖香浓郁，醇和协调，绵甜甘洌，落口爽净”的风格特点。

水井坊酒源于全兴大曲酒。2002年，国家质检总局颁布的GB 18624—2002正式规定对水井坊酒实施地理标志产品保护；2006年，注册商标“全兴”被国家商务部认定为“中华老字号”。

93 双沟大曲酒

双沟大曲是浓香型白酒，产地在江苏省宿迁市双沟镇，是江苏苏酒集团的产品。双沟大曲酒可考证的前身为清康熙五十八年（1719年）“全德槽坊”酿制白酒；清宣统二年（1910年）双沟大曲被推荐参加南洋劝业会，被评为名酒第一；1912年孙中山先生为双沟大曲题写“双沟醴（lǐ）泉”；抗日战争时期，“全德槽坊”多次接待共产党华中、淮北地区领导人，被誉为“抗日饭店”，并得到时任新四军军长陈毅的高度赞赏。双沟大曲酒以高粱为原料，以小麦、大麦、豌豆混合制成的高温大曲为糖化发酵剂，采用混蒸混烧、老窖适温发酵、双底箅甑桶蒸馏、分段摘酒、分级贮存等工艺酿造而成。其酒体具有“窖香浓郁幽雅、口味醇甜绵软、酒体丰满协调、回味爽净悠长”的风格特点。双沟大曲酒在第四、五届全国评酒会上连续两次获得中国国家名酒称号；2010年，注册商标“双沟”被国家商务部认定为“中华老字号”。

94 宋河粮液

宋河粮液是浓香型白酒，产地在河南省周口市鹿邑县枣集镇，是河南省宋河酒业股份有限公司的产品。宋河粮液源于枣集酒，据传公元743年，唐玄宗于鹿邑以枣集酒拜谒老子李耳；据清代《鹿邑县志》记载“民间以黍为酿酒用”及“秫以为酒，名为蒸酒”，可见当时鹿邑地区已大范围酿酒；1968年以枣集镇20多家酿酒作坊为基础建成鹿邑酒厂，所产白酒因酿造用水取自宋河，而取名“宋河粮液”。其典型生产工艺为：以高粱、籼米、糯米和玉米为原料，以小麦制中高温大曲，遵循传统老五甑工艺、续糟配料、混蒸混烧、量质摘酒，配以采用翻沙、堆积等特殊工艺生产的调味酒勾兑而成。酒体具有“窖香幽雅、绵甜净爽、香味协调、回味悠长”的风格特点。1989年在第五届全国评酒会上，宋河粮液获中国国家名酒称号；2010年，注册商标“宋河”被国家商务部认定为“中华老字号”。

95 四特酒

四特酒是特香型白酒的典型代表，其产地在江西省宜春市樟树镇，是江西四特酒有限责任公司的产品。四特酒可考证的历史可追溯至唐朝后期，“四特土烧”（亦称“清江土烧”）已见于当时典籍记载；在元、明两代，樟树镇以药、酒二业扬名于国内；四特酒名字的由来则与清光绪年间“娄源隆”酒坊紧密相关，当时为与其他酒坊酿造白酒区别，“娄源隆”酒坊在其白酒酒坛贴四个“特”字；1958年注册“望津楼”商标，1982年注册“四特牌”商标。四特酒以“整粒大米为酿造原料，大曲面粉麦麸加酒糟，红褚条石垒酒窖，三香具备犹不靠”的生产工艺，独创了具有“酒色清亮，酒香芬芳，酒味纯正，酒体柔和”的特香型白酒。1988年四特酒被定型为特香型白酒；在第五届全国评酒会上，四特酒获得中国国家优质酒称号；2007年由国家质检总局、国家标准化委员会发布特香型国家标准GB/T 20823—2007。

96 天佑德青稞酒

青稞是高海拔环境下唯一可以生存并大规模种植、供养人类的粮食，青稞酒顾名思义是用青稞为原料酿制的，和一般白酒相比原料非常独特。天佑德青稞酒是青藏高原地区青稞酒的代表，有清香型白酒的风格特征，同时独特的青稞原料也赋予了青稞酒独有的风格，有清雅纯正、绵甜爽净、香味谐调、回味怡畅的特点。

据《青海通史》记载，元至元元年（公元1264年）互助土族先民将青稞煮熟作为原料，用当地草药拌和做曲子烧出一种白酒，称为酩醯（liu）酒。这种酒色泽略微浑浊，酒精度30 ~ 40度，酒性不烈，土族先民喜饮此酒。此时青海东部农业区除农户家庭酿酒自给外，已有小规模的酿酒作坊出现。到明嘉靖十四年（公元1535年），青海威远镇（今互助县）有商铺30多家，酿酒作坊11家。“天佑德”酿酒坊规模最大，最为知名。到清朝时期，威远镇钟鼓楼周围酿酒坊林

立，其中以“天佑德”“永庆和”“世义德”“文和永”“文玉合”“聚成元”“义兴德”“六合凝”八大作坊最具出名。1952年，互助县人民政府在八大作坊的基础上组建了国营互助酒厂，1992年互助酒厂更名为青海青稞酒厂。

天佑德青稞酒选用青藏高原海拔2700米以上种植的青稞为主要原料制曲，以青稞为原料酿酒，采用的是独特“曲粮合一”工艺，这在中国白酒生产中非常罕见，绝大多数的中国白酒酿酒原料为高粱，制曲原料则多为小麦、大麦、麸皮等。天佑德青稞酒酿造采用的是花岗岩条石窖发酵，花岗岩质地坚硬，耐腐蚀，酒醅发酵过程中对温度有良好的平衡和调节作用，窖池以祁连山松木为底板，发酵过程酒醅和松木板充分接触，由此赋予了青稞酒独特的风味特征。天佑德青稞酒在继承传统古法“清蒸清烧四次清”工艺的基础上，结合现代化酿造技术，按照一年四季，24个节气，分别制定不同的工艺条件，一年4次投料、16次蒸馏，365天不间断酿酒，每季得到12种基酒，四个季节共有48种基酒，经自然老熟之后进行勾调，形成独特的产品风格。

2003年天佑德青稞酒以“地理环境独特、酿酒原料独特、大曲配料独特、酿酒工艺独特、发酵设备独特、产品风格独特”被国家质检总局批准为“中华人民共和国地理标志保护产品”。2009年天佑德青稞酒被中国酒业协会认定为“中国白酒清香型（青稞原料）代表”。

天佑德青稞酒的生产基地分别在青海省互助土族自治县和西藏自治区拉萨市。

97 沱牌曲酒

沱牌曲酒是浓香型白酒的典型代表，其产地在四川省射洪县沱牌镇，是四川舍得酒业股份有限公司的产品。据《四川通志》记载，沱牌曲酒可考证的酿造史可追溯至唐代的“射洪春酒”；民国三十五年（1946年），举人马天衢根据牌坊“沱泉酿美酒，牌名誉千秋”之寓意，将“射洪春酒”命名为“沱牌曲酒”。其典型生产工艺为：以高粱、籼米、糯米为原料，以小麦和大麦制中、高温曲，采用人工窖泥培养、纯自然本窖循环、双轮底发酵、续糟混蒸混烧、瓷坛贮存、人工勾兑等工艺酿造而成。酒体具有窖香浓郁、清洌甘爽、绵软醇厚、尾净余长的典型风格特点，尤以甜净的风味突出。1989年在第五届全国评酒会上，沱牌曲酒获中国国家名酒称号；2006年，注册商标“沱牌”被国家商务部认定为“中华老字号”；2008年“蒸馏酒传统酿造技艺·沱牌曲酒传统酿造技艺”被列入第二批国家非物质文化遗产名录；2008年，国家质检总局GB/T 21822—2008正式规定对沱牌曲酒实施地理标志产品保护。

98 五粮液酒

五粮液酒是中国老八大名白酒之一，产于四川省宜宾市，以高粱、籼米、糯米、小麦和玉米五种粮食为原料酿制而成，为中国白酒大曲浓香型代表酒之一，以“香气悠久、味醇厚、入口甘美、入喉净爽、各味谐调、恰到好处、酒味全面”的独特风格闻名于世，蝉联第二至五届全国评酒会国家名酒称号。

宜宾在先秦时期即开始酿制清酒；南北朝时期（公元420年—589年），采用小麦、青稞、籼米等粮食混合酿制“咂酒”；唐代采用四种粮食酿制“春酒”；宋代姚家私坊采用大豆、籼米、高粱、糯米、荞子五种粮食酿造“姚子雪曲”酒，是五粮液最成熟的雏形。明洪武元年（公元1368年），宜宾人陈氏总结出采用荞子、黍、籼米、糯米、高粱五种粮食混合酿酒的陈氏秘方，时称“杂粮酒”；1909年，晚清举人杨惠泉将“杂粮酒”改名为“五粮液”。明末清初，宜宾共有四家糟坊，十二个窖池；中华人民共和国成立前夕，已有德胜福、听月楼、利川永等十四家酿酒糟坊，一百二十五口窖池。20世纪50年代初，由8家酿酒作坊组建“中国专卖公司四川省宜宾酒厂”，1959年正式命名为“宜宾五粮液酒厂”，1998年改制为“四川省宜宾五粮液集团有限公司”。公司拥有从明初洪武年间连续使用至今的老窖池。

五粮液酒以高粱、籼米、糯米、小麦和玉米五种粮食为原料，以小麦中高温制曲，制得中部隆起的“包包曲”；采用泥窖发酵，低温入窖，发酵70天，分层起糟、分层入窖，分甑分级，量质摘酒、按质并坛，长年陈酿、勾调而成。

2006年，五粮液公司被认定为首批“中华老字号”；2008年，“五粮液酒传统酿造技艺”入选国家级非物质文化遗产名录。

99 武陵酒

武陵酒是酱香型白酒的典型代表之一，其产地在湖南省常德市，是湖南武陵酒有限公司的产品。常德古称武陵，武陵酒因地得名。常德的酿酒历史源远流长，早在先秦时代，这里的人们就有摆“春台席”置酒“与之合欢”的风俗；五代时，以“崔氏酒”著名，《嘉靖常德府志》记载“武陵溪畔婆酒，天上应无地下有”；清代武陵地区民间酿酒较为兴盛，《武陵竹枝词》记载“村村画鼓浇春酒”。武陵酒是中国酱香型白酒三大代表之一，一度与茅台、郎酒并列。其生产工艺遵循酱香型白酒“四高两长”的典型工艺特点：以糯红高粱为原料，用小麦制高温曲，以石壁泥底窖作发酵池，一年为一个生产周期，全年分两次投粮、九次蒸煮，历经下沙、糙沙、八轮次发酵、七次取酒。酒体具有“酱香馥郁、略带焦香、入口绵甜、优雅细腻”的风格特点。产品按其品质分为“少酱”“中酱”和“上酱”等系列。1989年第五届全国评酒会上，武陵酒获得中国国家名酒称号。

100 西凤酒

西凤酒是凤香型白酒的代表，产地在陕西省凤翔县柳林镇，是陕西西凤酒集团股份有限公司的产品。西凤酒经历了从秦酒到秦州春酒、到柳林酒、到橐（tuó）泉、到凤香烧酒、到西凤酒的历史演替。其香型是在1992年确立，1994年以GB/T 14867—94《凤香型白酒》国家标准的形式正式颁布。凤香型白酒的典型工艺为：以粳高粱为原料，以大麦、豌豆制中高温大曲，采用续糙配料、土窖发酵、混蒸混烧、酒海贮存、勾兑而成。一年为一个生产周期，其生产的白酒口味“醇厚丰满，甘润挺爽，诸味协调，尾味悠长”。凤香型白酒的主体香气成分为乙酸乙酯和己酸乙酯，用酒海贮存酒。所谓酒海是用荆条编成大篓，内壁糊上百层麻纸，涂以猪血、石灰，然后用蛋清、蜂蜡、熟菜籽油按一定比例配制成涂料涂擦，晾干制成。西凤酒在第一届全国评酒会上就获得中国国家名酒称号。2004年，国家质检总局颁布的GB 19508—2004正式规定对西凤酒实施地理标志产品保护；2006年，注册商标“西凤”被国家商务部认定为“中华老字号”。

101 洋河大曲酒

洋河大曲酒是浓香型白酒，产地在江苏省宿迁市洋河镇，是江苏苏酒集团的产品。洋河大曲酒可考证历史有400多年，据《泗阳县志》记载明朝诗人邹辑在《咏白洋河》中写到“白洋河下春水碧，白洋河中多沽客，春风二月柳条新，却念行人千里隔，行客年年任往来，居人自在洋河曲”，可见当时洋河酒业的兴盛。1923年洋河大曲酒在南洋国际名酒赛会上，获“国际名酒”称号。洋河大曲酒以其独特制曲及人工老窖泥工艺为前提，以多粮多工艺结合酿造、长期发酵、长期贮存、多味勾调为核心，形成了洋河大曲酒“入口甜、落口绵、酒性软、尾爽净、回味香”的独特风格特点，确立了以“甜、绵、软、净、香”为特点的绵柔派浓香型白酒。在第三、四、五届全国评酒会上，洋河大曲酒连续三次获得中国国家名酒称号；2008年，国家质检总局颁布的GB/T 22046—2008正式规定对洋河大曲酒实施地理标志产品保护；2010年，注册商标“洋河”被国家商务部认定为“中华老字号”。

蓝色经典系列白酒是苏酒集团目前的代表产品，有海之蓝、天之蓝和梦之蓝三大系列。

102 玉冰烧酒

玉冰烧酒是豉香型白酒的俗称，其产地集中在广东省珠江三角洲地区。因为肥猪肉的猪油像玉，摸上去有点凉凉的感觉（一说广东话“肉玉”不分），所以肥猪肉泡过的酒叫“玉冰烧”。其典型生产工艺为：以大米为原料，用大米、黄豆、酒饼叶和小曲扩大培养制成大酒饼作糖化发酵剂，边糖化边发酵，釜式蒸馏，陈肉酝浸，勾兑而成。酒体具有“玉洁冰清、豉香突出、醇和甘润、余味爽净”的典型风格特点。1996年，国家技术监督局发布了豉香型白酒国家标准GB/T 16289—1996。目前规模较大的玉冰烧酒生产厂家有：广东石湾酒厂集团有限公司、广东顺德酒厂有限公司、佛山太吉酒厂有限公司等。其中由石湾酒厂生产的玉冰烧酒在第四、五届全国评酒会上，两次获得中国国家优质酒称号。2010年中国轻工业联合会和中国酿酒工业协会将佛山市授予“中国豉香型白酒产业基地”。

103 迎驾贡酒

迎驾贡酒属于大曲浓香型白酒，产自安徽省六安市霍山县佛子岭镇。霍山县位于大别山腹地，是国家生态示范县。迎驾贡酒倡导生态酿造，产品具有色如水晶、五粮复合香气突出、窖香幽雅、酒体醇厚丰满、绵甜爽口、回味悠长的典型风格。2012年以来，迎驾贡酒累计五次荣获“中国白酒酒体设计奖”。

据《霍山县志》记载，公元前106年，汉武帝南巡至今霍山一带，官民到城西槽坊村附近的水陆码头恭迎圣驾，将美酒敬献武帝，武帝饮后大悦，“迎驾贡酒”由此得名。1955年，霍山县成立国营佛子岭酒厂；1997年，改制并更名为安徽迎驾贡酒股份有限公司。

迎驾贡酒坚持“生态产区、生态剐水、生态酿艺、生态循环、生态洞藏、生态消费”六位一体的大生态品质理念，依托其独特的生态环境和优质天然剐水，以高粱、籼米、糯米、小麦、玉米等五种粮食为原料，以“皮薄、芯厚、菌丝丰满”的中温包包曲为糖化发酵剂，采用泥池老窖和高进高出的发酵工艺（高淀粉、高酸度入窖，高出窖淀粉、高出窖酸度），经90天发酵而成。迎驾贡酒生态洞藏系列是其核心产品。

迎驾贡酒先后获得“国家地理标志保护产品”“中华老字号”等称号，迎驾贡酒传统酿造技艺被列入“非物质文化遗产名录”，迎驾酒厂被国家工信部认定为国家级绿色工厂。

104 白酒发展趋势

以粮谷为原料、酒曲为糖化发酵剂、固态糖化发酵、甑桶蒸馏、瓷坛陈酿、勾调成酒是传统白酒生产的主流工艺，是白酒健康美味的基础。白酒应该坚持在传承的基础上发展，在发展的过程中创新。先传承再创新，以创新促发展，实现传统工艺与现代化生产相统一。

要采用现代科学技术揭示传统白酒的奥秘。探明酒曲、窖泥中微生物的种类及其代谢机理和代谢产物，探明酶在酿造过程中的作用机理，探明白酒中各种物质的生成途径及其对白酒风味和健康的贡献等基础科学问题，为白酒生产从必然王国走向自由王国奠定科学基础。

要坚持百花齐放，和而不同，针对不同白酒的工艺特点，用现代化技术和装备升级改造传统白酒产业，实现白酒生产的现代化和智能控制。如白酒糖化发酵要逐步“从地下走到地上”，发酵过程实现从“自然控温到自动控温”等。

白酒研发和生产要坚持“风味健康双导向”，通过“内寻外加、自然强化”打造健康白酒。勾调成酒过程要实现从人工勾调到计算机勾调的飞跃，使白酒更美味，更有益人体健康。

要弘扬中华优秀酒文化，让白酒走向世界，成为一种世界性的饮料，实现白酒市场的国际化。

七 黄酒名酒篇

105 代州黄酒

代州即现在的山西省忻州市代县，代州黄酒拥有1000多年的酿造历史，明清时期以代县阳明堡为中心的周边地区就已形成较为完善的制酒技艺，流传有“南绍（绍兴）北代（代州），黄酒不赖”的民谣，证明代州黄酒是北方黄酒的代表，与浙江绍兴黄酒并称为“南绍北代”两大黄酒系列。

代州黄酒作为北派黄酒的代表之一，之所以口感独特，源于其原料与工艺。代州黄酒以当地特有农作物为原料，如黍米，因代县昼夜温差大，当地黍米生长周期长，所产的黍米品质高；代州黄酒酿制用水来自滹沱河，水乃酒之血，滹沱河流经代县全境，南北两山地下多为沙砾石地层，地下水在流动过程中，沙砾石起到了独特的过滤作用，深层地下水水质甘洌，可直接饮用。代州黄酒酿制技艺看似简单，但制曲、发酵、熟化、熬制、焦糖炒制等多个过程，需由经验丰富的制酒师傅操作，通过目观、手感及鼻闻进行控制，一些经验需要根据不同的气候条件去感悟，很难用语言文字表述清楚，一些技术要求至今仍无法形成具体的理论指标，全凭经验掌握。2008年，代州黄酒酿造技艺成功入选山西省省级非物质文化遗产名录。

106 古越龙山牌黄酒

古越龙山牌黄酒是中国绍兴黄酒集团有限公司的代表性产品系列之一，是中国高端黄酒的代表。集团公司始创于1664年的沈永和酒厂，是绍兴黄酒行业中历史最悠久的著名酒厂；由集团公司独家发起组建的浙江古越龙山绍兴酒股份有限公司，是中国黄酒行业第一家上市公司，致力于民族产业的振兴和黄酒文化的传播，拥有国家黄酒工程技术研究中心和中国黄酒博物馆，是国家非物质文化遗产——绍兴黄酒酿制技艺的传承基地。目前“品牌群”中拥有2个“中国驰名商标”、4个“中华老字号”。其中“古越龙山”是中国黄酒标志性品牌，是“亚洲品牌500强”中唯一入选的黄酒品牌。

2008年古越龙山牌黄酒入选北京奥运菜单，成为奥运赛事专用酒；2010年上海世博会期间，一坛古越龙山佳酿为中国国家馆永久珍藏；2015年古越龙山20年陈佳酿荣登奥巴马宴请国家主席习近平的白宫国宴，见证中美友谊；2016年G20杭州峰会期间，古越龙山8款佳酿入选G20峰会保障用酒；古越龙山牌黄酒成为第二届、第三届、第四届世界互联网大会接待指定用酒。

107 和牌黄酒

和牌黄酒的生产商是上海金枫酒业股份有限公司。

“和”酒品牌是对中国千百年来传统“和”文化的传承与创新，一个简简单单的“和”字，浓缩了黄酒温和知性的品格，又淋漓尽致地演绎了“和为贵”这一传统。“品和酒，交真朋友”，道出了现代人渴望沟通、渴望真情、追求高品质生活的心态。

在传统的“和”文化中，“和”代表着和睦、协调。常言道，和气生财，和气致祥，人和人之间的处事方式，应该以和为贵。相互包容可纳百川，最后成就理想的人生高度。就像和酒，或清醇淡雅，或甘醇芬芳，都透着一种温润的性格，就像人和人之间的和谐关系，这也是和酒文化的精髓所在。

108 即墨老酒

即墨老酒的生产商是山东即墨黄酒厂有限公司，亦是我国北方黄酒的典型代表之一，享有“黄酒北宗”的美誉，其酿造历史可追溯到2000多年前，有正式记载的是始酿于北宋时期。

即墨老酒的原料为黍米、陈伏麦曲、崂山矿泉水，按照“黍米必齐，曲糵必时，水泉必香，陶器必良，湛炽必洁，火剂必得”的古代酿造工艺制得（即“古遗六法”）。酒液呈棕红色，微苦而余香持久。

山东即墨黄酒厂有限公司所传承的即墨老酒“古遗六法”传统酿造工艺被列为山东省省级非物质文化遗产，即墨老酒于2006年被授予“中华老字号”的称号，“即墨”于2010年被认定为“中国驰名商标”。

会稽山牌黄酒

会稽山牌黄酒的生产商是会稽山绍兴酒股份有限公司。会稽山绍兴酒股份有限公司的前身为“云集酒坊”，创建于1743年；公司于2014年8月25日在上海证券交易所成功挂牌上市，成为国内黄酒行业第三家上市企业，是集“中华老字号”“中国驰名商标”“国家地理标志保护产品”等荣誉于一身的企业。会稽山牌黄酒传承千年历史、延续百年工艺，以精白糯米、麦曲、鉴湖水为主要原料精心酿制而成。

早在1915年，“云集酒坊”便在美国旧金山举行的“巴拿马太平洋万国博览会”上为绍兴黄酒夺得了第一枚国际金奖。迄今已15次荣获国内外金奖。会稽山牌黄酒一直被国际友人誉为“东方红宝石”“东方名酒之冠”。

110 龙岩沉缸酒

龙岩沉缸酒是福建省老字号品牌，为闽派红曲黄酒的代表，生产始于1796年，起源于福建省龙岩上杭古田，因其在酿造过程中，采取两次小曲米酒入酒醅，让酒醅三沉三浮，最后沉落于缸底，再取上部澄清酒液于坛中陈酿，故得此名。

龙岩沉缸酒是以优质糯米以及红曲、当地祖传的添有30多味中药材的药曲、散曲及白曲等酒药，并兑入优质米白酒酿制而成的浓甜红曲黄酒。酒液呈红褐色，有琥珀光泽，清亮明澈，入口甘甜醇厚，无黏稠之感，风味独特。2011年，龙岩沉缸酒制作技艺成功入选福建省省级非物质文化遗产名录。国家质检总局2013年第166号公告，正式批准对龙岩沉缸酒实施地理标志产品保护。

111 兰陵美酒

兰陵美酒是山东省临沂市兰陵县兰陵镇山东兰陵美酒股份有限公司的黄酒产品系列。山东兰陵美酒股份有限公司拥有山东省内最多、最古老的粮食酒发酵窖池群，是山东省著名的大型饮料酒生产销售基地。

兰陵美酒拥有3000多年的酿造历史和深厚的文化底蕴，是中华酒苑的一朵奇葩。唐代诗人李白在《客中作》中写道："兰陵美酒郁金香，玉碗盛来琥珀光。"正是对兰陵美酒色香味的赞誉。

作为北方黄酒的代表之一，1915年，兰陵美酒亦在美国旧金山召开的"巴拿马太平洋万国博览会"上荣获金质奖章，自此兰陵美酒跻身世界名酒之林。

112 女儿红与状元红

著名的绍兴“花雕酒”又名“女儿酒”。中国晋代上虞人稽含在《南方草木状》记载到：“女儿酒为旧时富家生女、嫁女必备之物。”

传说在晋朝的时候，绍兴东关有一个裁缝师傅得知妻子怀孕的消息后，万分喜悦，特酿上好黄酒数坛以备庆贺得子之喜。哪知妻子却产下一女，裁缝一怒之下将酒埋于院内桂花树下。十八年后，女儿长成，才貌双全，裁缝非常高兴，将女儿许配给了得意门徒，成亲之日，裁缝想起埋藏了十八年之久的陈酿，于是起出宴请宾朋。美味陈酿让来宾惊喜万分，席上文人雅兴大发，赞道：“佳酿女儿红，育女似神童。”

隔壁邻居知道此事以后，便按照裁缝师傅的方法，在生了女儿的时候，就酿酒埋藏，嫁女时就掘酒请客，一传十，十传百，绍兴地区渐渐形成生女儿必酿“女儿红”，他日婚嫁时开坛宴请宾客的地方习俗。后来，有人在生男孩时，也一样依照习俗酿酒、埋酒，盼望儿子在中状元时作庆贺之用，所以，此酒又叫“状元红”。

另由于裁缝的女儿和夫婿都习有一身不错的裁缝手艺，结婚时自己制作了漂亮的婚服，也就是今天所说的结婚礼服，而结婚乃是人生喜事，婚服自然也就少不了红色，赋予了“吉祥如意”的内涵，男子穿的婚服就叫“状元服”，也叫“状元红服”，而女子穿的婚服就叫“女儿服”，也叫“女儿红服”，发展至今天，就是“状元红”和“女儿红”时装的来历。

此后，绍兴人家有孩子出生，家人就会酿制数坛上好的黄酒，生女孩这酒就叫做“女儿红”，生男孩这酒就叫做“状元红”，并请画工师傅在酒坛上画上“花好月圆”“吉祥如意”等文字图案，然后泥封窖藏，待儿女长大成婚成才之日，拿出来款待宾客。

女儿红

状元红

黄酒具有越陈越香、越陈越醇的特征，故称为“老酒”。父母给儿女酿上一坛老酒，一方面是期盼儿女长大成人时，如美酒一样受人欢迎；另一方面，也希冀儿女能像老酒一样，通过岁月的陈酿，更懂得世故人情，为人处事更能得心应手。时至今日，已再难觅这种风俗完整的过程，然而，女儿出嫁之日，儿子娶妻之日，选用上等的好酒，仍是宴飨亲朋好友的必备之物。

113 绍兴加饭酒

绍兴加饭酒是目前黄酒市场的主要产品。加饭酒，顾名思义，就是增加了“饭”的用量，也就是增加了酿酒用原料“糯米”或“糯米饭”的用量。

绍兴加饭酒实质上是以元红酒生产工艺为基础，在配料中增加了糯米或糯米饭的投入量，进一步提高工艺操作要求酿制而成的。由于加饭酒发酵醪液浓度大，成品糖度高、酒度高，所以酒质特醇，俗称“肉子厚”。酒色亮黄有光泽，香气芬芳浓郁，滋味鲜美醇厚，甜度适口，具有越陈越香、久藏不坏的特点，在国内外享有盛誉。

114 石库门牌黄酒

石库门牌黄酒的生产商是上海金枫酒业股份有限公司。上海金枫酒业股份有限公司前身为上海枫泾酒厂，创建于1939年，是上海地区最大的黄酒生产企业。2008年，“石库门”被认定为“中国驰名商标”。

上海，曾经是冒险家的乐园，现在是创业者的天堂。石库门是上海独具风貌的典型建筑，其融合了中西建筑的风格，并逐渐成为上海包容文化的特征，亦是沟通昨天与今天之门。“石库门”黄酒，以其东情西韵、华洋交融的气质诠释着上海文化的独特魅力，打破了传统黄酒的固有形象，创造了全新的黄酒文化观，现已成为上海高端黄酒市场第一品牌、全国知名品牌。在取得2010年上海世博会黄酒品类赞助商资格后，石库门牌黄酒与上海这座城市一起，向世界展现“开启石库门，笑迎天下客”的开放魅力与最值得记忆的海派时尚。

115 沙洲牌黄酒

沙洲牌黄酒的生产商是江苏省张家港酿酒有限公司。江苏省张家港酿酒有限公司的历史最早可以追溯到光绪年间，公司前身经历过1956年的公私合营，后于1976年更名为“国营沙洲酒厂”，1999年更名为现在的名称。公司目前拥有沙洲优黄、江南印象、吉星高照、太湖之星等几大系列150多个产品。其中，“沙洲优黄”是最著名的产品系列。

2005年，“沙洲优黄”荣获“中华老字号”称号，并被列入张家港市首批非物质文化遗产名录。2007年，“沙洲优黄”获得“中国名牌产品”称号。2012年，“沙洲优黄”被认定为“中国驰名商标”。沙洲牌黄酒是“苏派”黄酒的典型代表，属于清爽型黄酒。

116 塔牌黄酒

塔牌黄酒的生产商是浙江塔牌绍兴酒有限公司。浙江塔牌绍兴酒有限公司拥有“中国驰名商标”“中国名牌产品”“国家地理标志产品”“传统纯手工工艺绍兴黄酒酿造示范基地”等荣誉称号。塔牌黄酒于1999年被授予“中华老字号”的称号。

塔牌黄酒采用手工工艺酿制，一年一个周期，按照节气生产，夏季制曲，立冬投料发酵，立春压榨煎酒。塔牌黄酒主要拥有本酒、出口原酒、手工冬酿酒、绍兴花雕（加饭）、丽春酒和江南红等多个产品系列。其中，代表产品系列“塔牌本酒”颜色呈酒体天然的淡黄色。

117 黄酒发展趋势

随着我国经济的发展，城镇化建设加快，民众消费水平不断提高，消费形态已从“生存化”消费加速转向为“健康化”“享受化”及“多元化”消费，消费者不再满足于“吃饱”，而是更加注重“美味又健康”。同时在“一带一路”建设对文化传播、人文交流合作重视的背景下，黄酒作为中华民族传统文化的符号，具有广阔的发展前景。

黄酒由于低度、养生、保健、风味好等特点，受到越来越多消费者的欢迎。为顺应时代发展，黄酒生产商也更加关注以风味和健康为导向的发展方向。

趋势1：黄酒的功能性将是今后黄酒产业发展的重要特征。

这是基于多菌种共发酵过程的趋势，其将为黄酒带来无可比拟的功能性。现代科学研究发现，黄酒中含有多种健康因子。比如：①黄酒中含有丰富的功能性低聚糖，这些低聚糖进入人体后，几乎不能被人体吸收、不产生热量，但可促进肠道内有益微生物双歧杆菌的生长发育，可改善肠道功能，增强免疫力，促进人体健康；②黄酒中含有川芎嗪、阿魏酸、γ-氨基丁酸等生理活性物质，这些物质具有清除自由基、抗氧化、抗衰老、抗血栓、抗菌消炎、抗肿瘤、降血脂、防治冠心病等生理功能；③红曲黄酒中还含有洛伐他汀，该物质具有抑制体内胆固醇合成的活性，被世界公认为治疗高脂血症，防治动脉硬化、冠心病和脑血管病的首选药物。因此，酿制富含功能性物质的黄酒是未来黄酒产业发展的重要趋势。

趋势2：先进的技术将在黄酒工业中不断得到推广应用。

随着物联网技术、人工智能、信息技术、生物技术、纳米技术、新工艺新材料等高新技术与黄酒科技的交叉融合，将不断转化为新的生产技术。比如物联网技术、生物催化、生物转化等技术已开始应用于从黄酒原料生产、加工到消费的各个环节。如为了通过精准调控发酵过程而实现黄酒中特定风味物质或特殊健康因子的强化，技术开发、合作创新将成为黄酒企业增强产品应变能力和竞争能力的首要条件。

趋势3：质量控制是黄酒企业的第一要务，技术壁垒不容忽视。

在传承与发展中，一方面，要正视黄酒产业发展的差异化，即传统黄酒更经典（传统工艺、传统味道、功能突出），而现代黄酒更时尚（现代工艺、无需储存、现做现售）；另一方面，要正视黄酒产业存在的问题，现阶段要重点解决的则是上头深醉、质量不均一等问题。因此，发展高饮用舒适度黄酒、酿造批次高稳定性黄酒将是主要趋势之一，通过扩大新技术应用范围是实现此发展的重要手段。

八 健康篇

118 适量饮酒有益健康

适量饮酒有益健康既是几千年饮酒历史经验的总结，也被现代科学研究所证实。中医认为酒能舒筋活血、祛湿御寒。《黄帝内经》中讲“酒类，用以治病”。《汉书 · 食货志》认为“酒者，天之美禄，帝王所以颐养天下，享祀祈福，扶衰养疾”；“酒为百药之长”。《本草纲目》中讲适量饮白酒可“消冷积寒气、燥湿痰、开郁结、止水泻”。

最近的研究表明，轻度到中度饮酒能够降低全因死亡风险和心血管疾病死亡风险，但重度饮酒会显著增加全因死亡风险和癌症死亡风险。研究的对象是美国成年人，研究者认为，轻度到中度饮酒可能对心血管疾病有一定的保护作用，而重度饮酒可能会导致死亡。酒中的主要成分酒精的有益作用和有害作用之间存在微妙的平衡。

在谈论适量饮酒有益健康这个问题的时候，不仅要考虑到酒精的作用，还要考虑到酒中微量成分对人体健康的影响。葡萄酒的健康故事因为一个白藜芦醇而家喻户晓。白酒和黄酒的健康故事会因为含有比葡萄酒更多的健康因子而更加精彩。

白酒和黄酒富含健康因子，这是白酒和黄酒有益健康的物质基础。白酒和黄酒中风味物质和健康物质的多样性源于其原料和酿造微生物的多样性，以及独特的酿造工艺。迄今为止在白酒中发现的微量有机成分有2000多种，其中有益人体健康的物质有200多种。如乙酸乙酯具有消炎、扩张血管功能；己酸乙酯具有降肺火、稳定心肺功能；乳酸乙酯具有消炎、扩张血管功能；4-甲基愈创木酚具有促进血液循环、抗衰老功能；4-乙基愈创木酚具有预防疾病、抗衰老功能；己酸、庚酸、辛酸、癸酸、月桂酸、豆蔻酸、硬脂酸、油酸、亚油酸乙酯、亚麻酸乙酯等具有抑制胆固醇合成的功能；川芎嗪具有扩张血管、改善微循环及抑制血小板积聚作用等。上述功效成分在白酒、黄酒中大多都有存在。黄酒由于是非蒸馏酒，其中还含有更多难挥发或不挥发的功能性物质，如多糖、多肽等。

在讨论饮酒与健康问题的时候，除了关注酒对人身体的影响，还不应忽视酒对人精神方面的影响。适量饮酒可以使人身心放松、精神兴奋、沟通交流更顺畅，增进彼此之间的友谊。

必须强调，过量饮酒效果适得其反，不但对个人健康无益，对社会和谐也有害。适量的“量”需要自己把握。一般而言，能够饮后心情舒畅、头脑清醒、语言得当为宜。如果到了话语过多的情况，就需要适可而止了。

“医”字的演变

酒与医和药关系密切，有“医源于酒”“酒药同源”“酒为百药之长”之说。

《黄帝内经》中说“酒类，用以治病”。《汉书 · 食货志》中讲“酒者，天之美禄，帝王所以颐养天下，享祀祈福，扶衰养疾”。《本草纲目》中记载适量饮白酒可“消冷积寒气、燥湿痰、开郁结、止水泻”。古人已经认识到了酒行药势、通血脉、散湿气、开胃健脾、舒肝理气等功效。

“医源于酒”从“医”的两个繁体字中可以略见一斑。汉字的第一个“医”字应该是“毉”，古代科技和生产力都不发达的时候，人得了病只能靠巫师祈求上苍保佑、神鬼显灵来驱病，这可能是“毉”的由来。

而“醫”应该是在“毉”之后才出现的。酒的发明和饮用，人们逐渐发现了酒的医用价值，特别是一些用药草泡过的酒具有更好的疗效，“醫”字也就应运而生。

120 药酒

药酒是以白酒、黄酒作为基酒，用药材浸制的酒。药酒是酒与中药相结合而成的保健品，具有一定的调节人体机能、改善人体健康状况的功效。

药酒历史悠久，现存最早的中医著作《黄帝内经·素问》就有用药酒治病的记载；被后人尊为医圣的东汉名医张仲景，在他的《金匮要略》中记载了药酒红蓝花酒、麻黄醇酒汤的制作方法；被后人尊为药王的唐代医药学家孙思邈，在他的《备急千金要方》中较全面地论述了药酒的制法、服用方法。

明代著名医药学家李时珍在《本草纲目》中列举了69种药酒及其功效，如地黄酒补虚弱，壮筋骨，通血脉，治腹痛，变白发。牛膝酒

壮筋骨，治痿痹，补虚损，除久疟。当归酒和血脉，壮筋骨，止诸痛，调经水。枸杞酒补虚弱，益精气，去冷风，壮阳道，止目泪，健腰脚。人参酒补中益气，通治诸虚。茯苓酒治头风虚眩，暖腰膝，主五劳七伤。菊花酒治头风，明耳目，去痿痹，消百病。黄精酒壮筋骨，益精髓，变白发，治百病。竹叶酒治诸风热病，清心畅意。鹿茸酒治阳虚痿弱，小便频数，劳损诸虚。

药酒制作方法多为浸制法，俗称泡药酒。古代药酒多以黄酒为基酒制作，现代药酒多以白酒为基酒制作。现代化的药酒生产已经不是“泡”了，而是采用现代萃取技术提取药材的有效成分，然后再科学配伍，与基酒勾调而成。

现代药酒属于保健食品的范畴。竹叶青酒、中国劲酒、黄金酒、白金酒、三鞭酒等都是中国著名药酒。

121 酒中的健康因子——醇、酸、酯

醇类、酸类和酯类化合物是白酒中的主要微量成分。

肌醇（环己六醇）、甘露醇（己六醇）、山梨醇等多元醇是白酒甜味和醇厚感的重要成分，同时这些化合物还具有多种生理活性。肌醇具有治疗肝炎、血中胆固醇过高等疾病的功效；甘露醇具有利尿、降低眼内压等功效；山梨醇有助于胆汁和胰腺的分泌，可防止血压上升、动脉硬化等。

乙酸、丁酸、乳酸等低分子有机酸是白酒中的重要成分，不仅呈香呈味，还是酒中酯类化合物的前体物质。乙酸，又名醋酸，是食醋主要成分，具有扩张血管、延缓血管硬化的功能；丁酸可抑制肿瘤细胞的生长与繁殖；乳酸是人体必需的有机酸，它促进双歧杆菌的生长，而使人体内微生态达到平衡。白酒中还含有对人体有益的高级脂肪酸，如棕榈酸、亚油酸、亚麻酸等。

酯类化合物是白酒中含量最高的微量成分，对白酒香、味、格的形成有重要作用。乙酸乙酯可以通过肾功能加速对人体不适应物质的新陈代谢；乳酸乙酯可以起到促进乙醇刺激大脑皮层的作用，使人兴奋；己酸乙酯能起到降低肺火、稳定心肺的作用。

酒中的健康因子——4-甲基愈创木酚和4-乙基愈创木酚

4-甲基愈创木酚和4-乙基愈创木酚是白酒重要的风味和健康因子。4-甲基愈创木酚，又名2-甲氧基-4-甲基苯酚，对酒贡献酱香和熏制食品香。4-乙基愈创木酚，又名2-甲氧基-4-乙基苯酚，在酒中贡献丁香味和烟熏味。它们是自由基消除剂，具有抗氧化、预防疾病、增强人体免疫力、抑菌、抗感染等功效。

人体内无法合成酚类化合物，食物是人体获取酚类化合物的主要来源。小麦、玉米、大米等酿酒重要原料中均含有阿魏酸，阿魏酸在特定的温度和酸度下，经微生物作用，生成4-甲基愈创木酚、4-乙基愈创木酚等酚类化合物。

4-甲基愈创木酚在酱香型、浓香型、清香型、药香型、兼香型、老白干香型、芝麻香型白酒中均存在，含量15～1750μg/L；除以上香型外，4-乙基愈创木酚在凤香型、豉香型和特香型白酒中也存在，含量4～2390μg/L。2种酚类化合物在淡雅浓香型白酒古井贡酒中含量较高。黄酒中4-乙基愈创木酚的含量（2500～7400μg/L）高于白酒。

4-甲基愈创木酚　　4-乙基愈创木酚

123 酒中的健康因子——川芎嗪

川芎嗪，学名四甲基吡嗪，是中药川芎的主要有效成分，也是枯草杆菌的代谢产物。据《本草纲目》记载：川芎味辛，性温，归肝胆、心包经，其功效为活血行气，祛风止痛。川芎嗪具有抗自由基、扩张血管、抑制血小板聚集、改善微循环、保护肝脏和肾脏等功效。

研究发现，主要是在白酒酿造过程中，功能菌株代谢产生乙偶姻，乙偶姻与氨经过非酶促反应生成川芎嗪。除此之外，在制曲过程和酿酒堆积发酵过程发生的美拉德反应、蛋白质的热分解和氨基酸类的加热分解等也可能产生川芎嗪。在白酒中，它具有类似咖啡和坚果的独特香气，阈值较低，可使酒香气幽雅，酒体丰满绵柔，提升酒的品质。

川芎嗪在浓香型、酱香型、清香型、药香型、兼香型、芝麻香型、老白干香型白酒中均有存在，含量在1 ~ 53020μg/L之间，在酱香型白酒中含量最高，药香型白酒中含量最少。相关研究结果表明，川芎嗪在0.1μg/L时，即显示出增强免疫活性的作用，而川芎嗪在上述香型白酒中的浓度都远高于此浓度，其增强免疫活性不容小视。

另外，川芎嗪也是黄酒的重要微量成分。研究发现，川芎嗪在黄酒中的含量3 ~ 73μg/L。

124 酒中的健康因子——阿魏酸

阿魏是一种中药，味辛、温，有理气消肿、活血消疲、祛痰和兴奋神经的功效。阿魏酸，又名4-羟基-3-甲氧基肉桂酸，由于其广泛存在于药材阿魏中而得名。阿魏酸还大量存在于当归、川芎、升麻、麦秆、麦麸、米糠、玉米皮中。小麦为制曲的主要原料，大米和玉米为酿酒重要原料，这也是白酒中阿魏酸的重要来源。

阿魏酸是天然抗氧化剂，也是近年来国际公认的防癌物质。它也具有抑制体内胆固醇生成、降低血脂、抑制血小板的凝集、有效预防血栓、降低血压、提高非特异性免疫等功效，同时也是治疗心脑血管疾病及白细胞减少等药品的基本原料，如心血康、利脉胶囊等。

白酒和黄酒中均含有阿魏酸。黄酒中阿魏酸的含量大于白酒，一般在1560 ~ 2290μg/L。

125 酒中的健康因子——多糖

多糖是指由十个以上单糖通过糖苷键连接而成的糖，也称为多聚糖。多糖大多是不溶于水的非晶形固体，无甜味，没有还原性也没有变旋现象，是生命活动不可缺少的物质。多糖具有免疫调节、抗肿瘤、抗病毒、抗氧化、降血糖、抗凝血、抗溃疡、抗辐射、抗突变等多种功效。

研究结果表明，多糖的浓度高于1mg/mL时即具有抗氧化活性。动物实验研究表明，当黄酒中多糖浓度高于25mg/kg时即具有抑制肿瘤细胞生长增殖的功效，多糖浓度越高抑制作用越强。黄酒中含有丰富的多糖，其多糖含量一般1 ~ 30mg/mL。

126 酒中的健康因子——多肽

多肽是氨基酸分子以肽键连接在一起而形成的化合物，也是蛋白质水解的中间产物。由两个氨基酸分子脱水缩合而成的化合物叫做二肽，通常由三个或三个以上的氨基酸分子经脱水缩合后形成的化合物称为多肽。多肽具有降血压、降血脂、降胆固醇、抗菌、抗氧化、抗衰老、抗癌、促进矿物质吸收、抗凝血、调节神经损伤和类阿片拮抗等功效。

黄酒中含有多肽。据相关研究表明，黄酒中已检测出6种具有抑制血管紧张素转换酶（ACE）活性的多肽。ACE抑制肽已成为治疗高血压、心力衰竭、糖尿病合并高血压等疾病的理想靶向药物。从黄酒中还检测出43种生物活性肽和3种感官活性肽，其中部分肽与已发现的具有生理活性的肽有相同的氨基酸排列顺序。

白酒酿造过程中，微生物的作用会使蛋白质分子分解生成多肽。白酒中含有具有抑制ACE及抗氧化活性的三肽Pro-His-Pro和四肽Ala-Lys-Arg-Ala。由于肽的分子量较高，在蒸酒的过程中，大部分肽并没有蒸出来，而是留在了酒糟中。

酒中的健康因子——洛伐他汀

洛伐他汀，是一种从红曲霉发酵产物中分离出的具有生理活性化合物。洛伐他汀作为他汀类药物的代表，可以阻碍胆固醇生成，降低血清胆固醇含量，抑制肝脏合成载脂蛋白，降低低密度脂蛋白和甘油三酯的水平，是临床降血脂的主要药物。

红曲霉菌是中国白酒和黄酒酿造的重要微生物，洛伐他汀是红曲霉产生的次级代谢产物。临床试验证明，当血液中洛伐他汀的浓度0.001 ~ 0.005μg/mL时，体内胆固醇的合成就会受阻。据相关研究表明，洛伐他汀在白酒中的含量为0.035 ~ 0.050μg/mL，在黄酒中的含量高达1 ~ 120μg/mL。

128 健康饮酒

酒是双刃剑，适量有益、多喝有害。研究表明，把发病风险和死亡风险作为纵轴、饮酒量作为横轴，对2型糖尿病、心脑血管疾病、慢性肾脏病和总死亡风险而言，饮酒量与发病风险和死亡风险之间呈现U形关系。为了个人、家庭和社会的幸福安宁，必须倡导健康的饮酒理念和方式。健康饮酒至少要做到以下五个方面。

一是适量饮酒，不贪杯，不酗酒。酒是饭桌上人际交流的催化剂，酒后话多，便于交流，可以使关系融洽。但酒喝多了会说大话，说过头话，反而容易伤感情。喝醉了酒会说胡话，影响就更不好了，也伤身体。“二两白酒汇聚万语千言，半斤过后敢于指点江山，再喝下去可能丢人现眼，为了健康必须少喝一点。”何为适量，因人而异。世界卫生组织推荐成年人一天饮酒不超过25g酒精的量，大约相当于高度白酒1两多。但人的个体差异很大，有的人一喝酒就醉，有的人喝半斤白酒也没问题。一般而言，控制在“指点江山”状态的三分之一以内比较合适。

二是文明饮酒，不劝酒，不拼酒，更不逼酒。文明饮酒能够增进友谊，强人所难就会适得其反。酒品即人品，“人之齐圣，饮酒温克。彼昏不知，壹醉日富”（《诗经》《小雅·小宛》）。

三是适时饮酒，未成年人不宜饮酒。中国有很多适时饮酒祖训，如“早不酒，晚不茶”。现代社会也有一些新的要求，如不准酒后驾车、公务人员工作期间不能饮酒等。至于健康饮酒的时间，我们的祖先已经有所明示，即十二个时辰中的酉时，也就是下午5点至下午7点，酉即酒，酉时饮酒，这个时间适量饮酒对健康最有益。

四是不借酒消愁。借酒消愁是饮酒之大忌。“抽刀断水水更流，举杯消愁愁更愁”（李白《宣州谢朓楼饯别校书叔云》）。“不要以为她是水，能扑灭你的烦忧。她是倒在火上的油，会使聪明的更聪明，会使愚蠢的更愚蠢”（艾青《酒》）。

五是要提倡喝国酒。白酒、黄酒是中国人喝了几千年的国酒，是五谷精华，其中含有数以百计的有益人体健康的成分，俗称“健康因子”，这是其他酒无可比拟的。

上述健康饮酒的五个方面，控制“量”是关键。一些饮者总结出喝酒的几种状态：“慎言慎语”“甜言蜜语”“豪言壮语”“胡言乱语”“不言不语”。一般而言，到了“甜言蜜语”的境界就已经超量了。

九 名人与酒篇

129 孔子与酒

孔子（公元前551年9月28日—公元前479年4月11日）是圣人，也是酒圣，是伟大的思想家、教育家，被后世尊为万世师表。

既为酒圣，自然好酒，喝酒有讲究，有水平，对酒也有要求。孔子只喝家酿的酒，当然不见得是自家酿的，市面上买来的酒不喝，就像《论语·乡党》中说的“沽酒市脯，不食”。究其原因，是孔子所处的2500年前的春秋时期，也有食品质量问题，市面上卖的酒可能存在形形色色的质量问题，所以孔子坚持市面上买来的酒不喝。

孔子是美食家，有“八不食”:“食饐而餲，鱼馁而肉败，不食。色恶，不食。臭恶，不食。失饪，不食。不时，不食。割不正，不食。不得其酱，不食。……沽酒市脯，不食。”并且“食不厌精，脍不厌细”;“肉虽多，不使胜食气”;“不撤姜食，不多食”。但孔子喝酒并不限量，并且自我控制力强，能适可而止、量力而行，不喝醉，不喝到酒后乱来的程度，就像《论语·乡党》中说的“唯酒无量，不及乱”，意思是“只有酒不限量，但不喝过量，不能失态”。

难能可贵的是孔子能做到一生“不为酒困”(《论语·子罕》)。从字面上理解，“不为酒困”是不被酒所困扰、困惑、束缚的意思，其中至少包含两方面的内容。其一，不是有人请喝酒就不好意思不去，如果这顿酒席的人不合适，或者是一个有违原则的酒局，就坚决不去。其二，不是有人敬酒就不好意思不喝，酒桌上别人敬酒，有酒量可以喝，没酒量就不喝，不能抹不开面子。更不能有所谓的“感情浅，舔一舔；感情深，一口闷”错误观点。

孔子的美食观和饮酒观值得后人学习借鉴。

130 曹操与酒

曹操给世人留下的普遍印象是《三国演义》等小说、戏曲、评书中塑造的白脸奸臣。事实上曹操除了是三国时期一名出色的政治家、军事家外，也是一位才华横溢的诗人，留下了“对酒当歌，人生几何”“何以解忧？唯有杜康”这样的千古名句。同时曹操爱酒、饮酒、造酒，与酒结有不解之缘，还被他家乡亳州尊为古井酒神。

据《齐民要术》记载：东汉建安元年（即公元196年），曹操将家乡（今安徽亳州）产的“九酝春酒”进献给汉献帝刘协，并上表说明九酝春酒的制法。曹操在《上九酝酒法奏》中说：“臣县故令南阳郭芝，有九酝春酒。法用曲二十斤，流水五石，腊月二日渍曲，正月冻解，用好稻米，漉去曲滓，酿……三日一酿，满九斜米止，臣得法，酿之，常善；其上清，滓亦可饮。若以九酝苦难饮，增为十酿，差甘易饮，不病。今谨上献。”这也是“九酝春酒”作为贡品的文献依据，也是今天亳州名酒古井贡酒的由来。

曹操的《上九酝酒法奏》不仅总结了“九酝春酒”的酿造工艺，而且还提出了改进的办法，使酿制的酒更醇厚浓烈。这是对当时古亳州造酒技术的总结，与近代连续投料的酿酒法颇为相近，因此有学者认为“自魏之后，历代酿酒者所采用的连续投料的酿造手段，均以魏武帝所上九酝法为其原始依据”。曹操不仅记录了酝酒方法，还亲自改进、酿制美酒，这样看来，他也算是一位酿酒师和酿酒研究者了。当然曹操更喜欢的是饮酒，并且还留下了大量的爱酒、懂酒、惜酒、劝酒的诗文和煮酒论英雄、酾酒临江、横槊赋诗等许多与酒有关的故事。

爱酒的曹操同时也禁过酒。东汉建安十二年（公元207年）由于连年饥馑，爆发农民起义。“时年饥兵兴，操表制酒禁，融频书争之，多侮慢之辞。”曹操尽管善饮、豪饮，但从国计民生大局着眼，坚持下诏禁酒，这是在连年饥荒的情况下采取的节省粮食、惜农爱农的举措。鲁迅先生在《魏晋风度及文章与药及酒之关系》一文中是这样解读的：“其实曹操也是喝酒的。我们看他的‘何以解忧？唯有杜康’的诗句，就可以知道。为什么他的行为会和议论矛盾呢？此无他，因曹操是个办事人，所以不得不这样做。”

为了纪念曹操对酒的贡献，每年9月19日，在古井贡酒秋季开酿节的时候，古井人都会举行仪式祭拜酒神曹操。2015年还在亳州建成了古井酒神广场，广场内可见19.6m高的曹操塑像手持酒杯，在天地间对酒当歌。

131 李白与酒

李白（公元701—762年）是千古诗仙，也是酒仙，一生为后人留下了千余脍炙人口的诗篇。在李白的诗中出现频率最高的当属明月和酒，同时出现在一首诗中的情形也不少，如“花间一壶酒，独酌无相亲。举杯邀明月，对影成三人”（《月下独酌四首》）；“且就洞庭赊月色，将船买酒白云边”（《游洞庭湖五首其二》）；“唯愿当歌对酒时，月光长照金樽里”（《把酒问月·故人贾淳令予问之》）等。

李白爱酒、好酒，可以说是逢酒必喝，并且很多情况下是豪饮，“百年三万六千日，一日须倾三百杯”（《襄阳歌》）；“烹羊宰牛且为乐，会须一饮三百杯”（《将进酒》）是李白豪饮的真实写照。

李白生活的唐代，是中国历史上经济繁荣、对外交往活跃的时期，酿酒业也很发达，白酒、黄酒、葡萄酒在唐代应该都有生产和销售。李白也就能走到哪里喝到哪里，有什么酒喝什么酒，“三种全会”，白酒、黄酒、葡萄酒都喝过。

中国白酒的历史可以追溯到西汉年间，唐代有白酒是很正常的。李白喝过白酒，有诗为证：“白酒新熟山中归，黄鸡啄黍秋正肥。呼童烹鸡酌白酒，儿女嬉笑牵人衣”（《南陵别儿童入京》）。至于李白为什么“烹鸡酌白酒”，估计也是与中国传统文化有关系。我们知道“酉”就是酒，而中国古代历法十二地支中“酉”与十二生肖中“鸡”对应，这也许是巧合，也许是天意。时至今日，中餐菜肴中还有很多用鸡烹制的酌酒佳肴，如“叫花鸡”“白斩鸡”“德州扒鸡”“道口烧鸡”等。

黄酒到了唐代应该是非常普遍了，李白游走在各地，喝得最多的应该是黄酒，并且能够喝到不知何处是他乡的境界：“兰陵美酒郁金香，玉碗盛来琥珀光。但使主人能醉客，不知何处是他乡”（《客中行/客中作》）。

唐代诗人王翰（公元687—726年）比李白早，他的《凉州词》“葡萄美酒夜光杯，欲饮琵琶马上催。醉卧沙场君莫笑，古来征战几人回？”说明唐代也有葡萄酒，尽管可能是西域过来的。李白的诗中也有关于葡萄酒的描述，“遥看汉水鸭头绿，恰似葡萄初酦醅”（《襄阳歌》），这首诗表明李白见识过葡萄酒的酿造过程。

尽管李白的诗中有“抽刀断水水更流，举杯消愁愁更愁”（《宣州谢朓楼饯别校书叔云》）的理性描述，但他本人却不乏借酒消愁的时候：“五花马，千金裘，呼儿将出换美酒，与尔同销万古愁”（《将进酒》）；“穷愁千万端，美酒三百杯。愁多酒虽少，酒倾愁不来”（《月下独酌四首》）即真实写照。

李白的诗歌中也包含着一部分封建糟粕，其中较多的是宣扬人生若梦、及时行乐、纵酒狂欢的消极虚无思想，如“人生得意须尽欢，莫使金樽空对月”（《将进酒》）等。李白本人也是过量饮酒、借酒消愁的受害者，传说李白因为醉酒后入水中捞月而死，这是一个血的教训，这是饮酒者要引以为戒的。

132 杜甫与酒

杜甫（公元712—770年）被后人称为“诗圣”，他的诗被称为“诗史”。杜甫是中国唐代伟大的现实主义诗人，比李白小11岁，与李白合称“李杜”。“李杜诗篇”被列入“影响中国历史100事件”，在中国文学乃至整个中国历史上居于重要地位。

杜甫也是“酒圣”，“性豪业嗜酒，嫉恶怀刚肠”（杜甫《壮游》）。“李白斗酒诗百篇”（杜甫《饮中八仙歌》）既是杜甫对李白的描述，也是作者本人的真实写照，“醉里从为客，诗成觉有神”（杜甫《独酌成诗》）。杜甫存世的诗歌1400多首，其中酒诗就有300多首。

杜甫的诗是他灵魂的表白，充满了对祖国的热爱和对民生的关心。“国破山河在，城春草木深”（《春望》）、“安得广厦千万间，大庇天下寒士俱欢颜”（《茅屋为秋风所破歌》）即为代表。即便是写酒的诗也不乏忧国忧民之作，如“朱门酒肉臭，路有冻死骨”（《自京赴奉先县咏怀五百字》）、“高马达官厌酒肉，此辈杼轴茅茨空”（《岁晏行》）。

杜甫与李白是诗友也是酒友，曾经与李白“醉眠秋共被，携手日同行”（杜甫《与李十二白同寻范十隐居》），并且有思念李白的诗，“何时一樽酒，重与细论文”（杜甫《春日忆李白》）。

杜甫也不乏借酒消愁的时候，“莫思身外无穷事，且尽生前有限杯”（杜甫《绝句漫兴九首》），并且常常为喝酒而典当衣服，“朝回日日典春衣，每日江头尽醉归”（杜甫《曲江二首》），与李白的“五花马，千金裘，呼儿将出换美酒，与尔同销万古愁”（李白《将进酒》）如出一辙。杜甫最后客死他乡，传说之一与酒有关，这是前车之鉴。

133 杜牧与酒

“清明时节雨纷纷，路上行人欲断魂。借问酒家何处有，牧童遥指杏花村”（杜牧《清明》）是中国妇孺皆知的一首唐诗，其作者就是唐代著名诗人、散文家、书法家，与李商隐并称“小李杜”的杜牧（公元803—852年）。

杜牧是宰相杜佑之孙，年26岁中进士，可以说是名门之后、年轻有才。杜牧忧国忧民，这在他的《泊秦淮》中就有所体现：“烟笼寒水月笼沙，夜泊秦淮近酒家。商女不知亡国恨，隔江犹唱后庭花。”。

杜牧关心军事，善于论兵，期望建功立业，这在他的《题乌江亭》中也有体现：“胜败兵家事不期，包羞忍耻是男儿。江东子弟多才俊，卷土重来未可知。”但他一生仕途并不如愿，因此嗜酒成性、饮酒寻欢、借酒消愁、风流放任，正如他自己诗中描述的那样“潇洒江湖十过秋，酒杯无日不迟留”（《自宣城赴官上京》）；“十年一觉扬州梦，赢得青楼薄幸名”（《遣怀》）。

谈杜牧就不能不谈张好好。杜牧与身为官妓的张好好相识于洪州（今江西南昌），可以说是郎才女貌、一见钟情，“龙沙看秋浪，明月游朱湖。自此每相见，三日已为疏”（《张好好诗》）。尽管才子佳人并未成为一段佳话，但杜牧却留下了他唯一传世的墨宝——杜牧的书法长卷《张好好诗》，现存于北京故宫博物院。

134 欧阳修与酒

欧阳修（公元1007—1072年），字永叔，号醉翁，是北宋著名的文学家、史学家和政治家，唐宋古文八大家之一。“十载相逢酒一卮，故人才见便开眉”就是出自欧阳修的《浣溪沙·十载相逢酒一卮》。

安徽省滁州山清水秀，位于滁州古城西南约5公里的琅琊山，是皖东著名的历史胜境，现为国家重点风景名胜区，尤以醉翁亭而闻名于世。琅琊山幽深秀丽，主峰小丰山海拔317m，酿泉从两座山峰之间飞泻而出，泉水在山峰间折绕下山，而醉翁亭就像飞鸟展翅一般架

在酿泉之上。欧阳修被贬任滁州太守时，常与友人、同僚游琅琊山，在亭中饮酒赋诗，甚至批阅公文。《醉翁亭记》恰是欧阳修酒后而成的名篇，留下了“醉翁之意不在酒，在乎山水之间也”的千古名句。现如今，“醉翁之意不在酒”已经成了家喻户晓的汉语成语。也许是受欧阳修的影响，今天的滁州人也以善饮酒而闻名天下，“麻雀也能喝三两酒”说的就是滁州，滁州人的酒量略见一斑。

欧阳修一生与酒结下了不解之缘，他的诗词中有不少关于酒的描写，《欧阳修诗词全集》中收录了欧阳修诗词230首，其中与酒有关的描写262次。一首“五月榴花妖艳烘，绿杨带雨垂垂重。五色新丝缠角粽，金盘送，生绡画扇盘双凤。正是浴兰时节动，菖蒲酒美清尊共。叶里黄鹂时一弄，犹瞢忪，等闲惊破纱窗梦”（《渔家傲 · 五月榴花妖艳烘》），反映出端午节时人们的生活场景和词作者过节时的恬淡闲适的生活情态，使人如身临其境。“把酒祝东风，且共从容。垂杨紫陌洛城东。总是当时携手处，游遍芳丛。聚散苦匆匆，此恨无穷。今年花胜去年红。可惜明年花更好，知与谁同？”（《浪淘沙 · 把酒祝东风》）则抒发了词人对人生聚散无常的无奈和感叹。

欧阳修好酒，常饮酒赋诗，也借酒消愁，这在其《题滁州醉翁亭》中就有所体现：“四十未为老，醉翁偶题篇。醉中遗万物，岂复记吾年。……所以屡携酒，远步就潺湲。野鸟窥我醉，溪云留我眠。山花徒能笑，不解与我言。惟有岩风来，吹我还醒然。”

135 苏东坡与酒

苏轼（公元1037—1101年），世称苏东坡，是北宋著名文学家、书法家、画家。苏轼在诗、词、散文、书、画等方面都取得了很高的成就，他与欧阳修并称“欧苏”，为“唐宋八大家”之一。“明月几时有？把酒问青天。不知天上宫阙，今夕是何年。我欲乘风归去，又恐琼楼玉宇，高处不胜寒”和“人有悲欢离合，月有阴晴圆缺，此事古难全”就出自苏轼醉酒后所作《水调歌头·丙辰中秋》。

苏东坡好客，乐于以酒待客。他酒量不大，但酒德堪称典范。他在饮酒时所作诗词也充满了乐观和对美好生活期盼与祝福，如“持杯遥劝天边月，愿月圆无缺。持杯复更劝花枝，且愿花枝长在，莫离坡。持杯月下花前醉，休问荣枯事。此欢能有几人知，对酒逢花不饮，待

何时？”（《虞美人·持杯遥劝天边月》）

苏东坡好酒，但不沉溺于酒。他喜于见客举杯，但并不喜欢朝夕宴饮吃喝，疲于应酬，觉得这是苦事，并称其为“酒食地狱”，由此也成就了“酒食地狱”这个汉语成语。

苏东坡不仅好饮酒，而且喜欢酿酒自饮，堪称酿酒家。他曾经酿过蜜酒、桂酒（龙眼酒）等。他的《东坡酒经》短小精悍，是中国酿酒经典之作，其中包含了制曲、用料、用曲、投料、酿造时间、原料出酒率等内容。

苏东坡还喜欢为酒起名。他曾经为不同的酒起过高雅且富有诗情画意的名字，如“万户春”“罗浮春”“桂酒”“紫罗衣酒”等。

谈苏东坡就不能不说说东坡肘子。东坡肘子是四川传统名菜，肥而不腻、粑而不烂，色、香、味、形俱佳。传说苏东坡妻子王弗炖肘子时一时疏忽，肘子焦煳粘锅了，她就加进各种调料进行补救，掩饰焦煳味。没想到这么一来肘子味道更好了，苏东坡乐坏了，就向亲朋好友大力推广肘子的这种做法，“东坡肘子”因此得名传世。

136 李时珍与酒

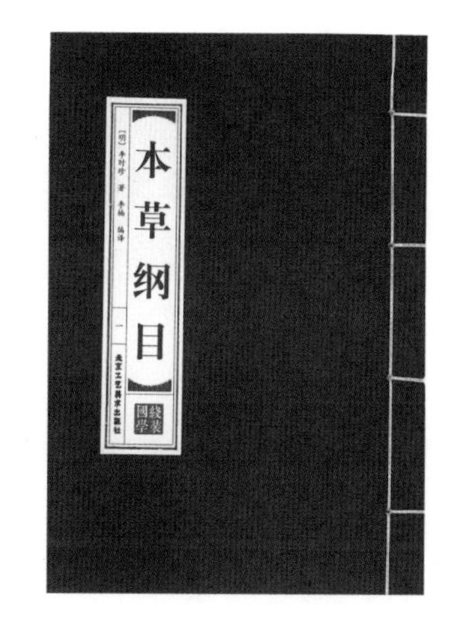

李时珍（公元1518—1593年）是中国明代著名医药学家，他用近30年完成的192万字巨著《本草纲目》，集中国16世纪之前药学成就之大成，是一部具有深远影响的医药学和博物学著作，被誉为中国的百科全书，并翻译成英、法、德、日、韩等文字出版。

李时珍在《本草纲目》中对中国酒的历史、各种酒的功效进行了详细论述。《本草纲目》指出“酒自黄帝始，非仪狄矣”。这一观点把中国酒的历史从“仪狄造酒说”提早了约400年，尽管离现在考证的9000年还有差距，但这在16世纪已经是非常难能可贵的了。

李时珍认为米酒能“行药势，杀百邪恶毒气”；“老酒和血养气，暖胃辟寒，发痰动火”；“春酒常服令人肥白”。

李时珍对白酒（烧酒）的论述也非常精辟。他认为白酒可以“消冷积寒气、燥湿痰、开郁结、止水泻，治霍乱疟疾噎膈，心腹冷痛，阴毒欲死，杀虫辟瘴，利小便，坚大便，洗目赤肿痛”；但“过饮败胃伤胆，丧心损寿”。

李时珍的《本草纲目》中介绍了69种药酒功效及其制作方法，如地黄酒、牛膝酒、当归酒、枸杞酒、人参酒、茯苓酒、菊花酒、黄精酒、桑葚酒、姜酒、茴香酒、青蒿酒、海藻酒、竹叶酒、花蛇酒、乌蛇酒、蝮蛇酒、龟肉酒、虎骨酒、鹿茸酒等。

《本草纲目》对葡萄酒也有论述，认为葡萄酒能“暖腰肾，驻颜色，耐寒”。

李时珍对酒正反两个方面作用的论述是客观的、一分为二的，对指导后人健康饮酒具有指导意义。

曹雪芹与酒

说到曹雪芹（公元1715—1763年），我们自然会想到他的不朽著作中国四大名著之首的《红楼梦》，书中有许多精彩的酒宴场面描写，也介绍了很多酒趣文化，甚至对人物酒后的醉态描写也是妙趣横生。曹雪芹之所以有如此丰富的酒知识，想来与他年少时代的豪华生活和他生性爱酒不无关系。曹雪芹出身清代内务府正白旗包衣世家，幼年时在南京亲历了一段锦衣纨绔的富贵生活，13岁那年因曹家获罪被抄家而随家人迁回北京，后依靠卖字画和朋友救济为生，晚年时甚至“举家食粥酒常赊”，但一直到他去世，酒都是他生活不可缺少的部分。

曹雪芹在《红楼梦》中写宝黛们结诗社，饮酒吟诗。在实际生活中他也是善饮健谈，常和朋辈们一起诗酒往还。郭诚、郭敏两兄弟是曹雪芹诗友中比较著名的两位。郭诚在其所著《四松堂集》中有一首名为《佩刀质酒歌》的长诗，诗前的小序中讲了这样一件趣事，“秋晓，遇雪芹于槐园，风雨淋涔，朝寒袭袂。时主人未出，雪芹酒喝如狂，余因解佩刀沽酒而饮之。雪芹欢甚，作长歌以谢余。余亦作此答之。”说的是郭诚去郭敏家拜访巧遇曹雪芹，因时候尚早，主人家还没醒，俩人便一起出门喝酒，他们畅谈纵饮兴致勃勃，但是都没有带酒钱，郭诚于是解下象征身份的佩刀换了酒，曹雪芹乘醉作歌为谢，郭诚又写了这篇长诗作答。他的一位友人张宜泉也曾在自己的诗集《春柳堂诗稿》中说曹雪芹“其人素性放达好饮”。正是借着这些诗文，我们得以了解到一个豪放不羁、纵情诗酒的曹雪芹。

曹雪芹嗜酒并不仅仅是借酒消愁，郭敏有诗形容曹雪芹绘画“醉余奋扫如椽笔，写出胸中磈礧时”，虽然说的是曹雪芹画石，小说创作想来也是如此吧。历经人情冷暖的曹雪芹，“寄酒为迹”，将一生境遇变化的体会写进书中，最终凭着才华和坚毅完成了《红楼梦》。几百年过去，他的书也像一壶传世好酒，沉醉了无数读者。

秋瑾与酒

秋瑾（公元1875—1907年），字竞雄，号鉴湖女侠，浙江绍兴人，是我国近代资产阶级革命家。秋瑾对她家乡的绍兴酒情有独钟。她短暂而又壮烈的一生中，留下了不少酒诗和与酒结伴的佳话。秋瑾现存的诗词作品中以酒入诗的有16篇，词5篇，歌数首。其中《剑歌》云：“何期一旦落君手，右手把剑左把酒。酒酣耳热起舞时，天矫如见龙蛇走。”诗、酒和剑有机地统一在一起，充分显示了女侠的英姿和性格。李白《将进酒》中“五花马，千金裘，呼儿将出换美酒，与尔同销万古愁”的豪迈情怀在秋瑾的《对酒》中也能见到：“不惜千金买宝刀，貂裘换酒也堪豪。一腔热血勤珍重，洒去犹能化碧涛。”

秋瑾曾在《黄海舟中日人索句并见日俄战争地图》中表达：“浊酒不销忧国泪，救时应仗出群才。拼将十万头颅血，须把乾坤力挽回。”浊酒伴着血泪，又有这样血性的诗句。一位柔情女子，兼具铁石心肠，既有诗酒养性，又能仗剑慷慨，秋瑾不愧为一位名垂千秋的巾帼英雄。她那一身正气，满腔热血，为了祖国独立强盛，不惜牺牲个人生命的爱国主义精神永远闪耀着时代光芒。

139 酒界泰斗秦含章

秦含章先生出生于1908年，是我国著名的食品和发酵专家，已是111岁高龄的他一辈子爱喝酒，也研究了一辈子的酒，被尊称为“酒界泰斗”。秦老年轻时曾在比利时国立圣布律农学院和德国柏林大学等留学进修，1936年学成归国后先后在复旦大学、四川省立教育学院、中央大学、江南大学等任教。中华人民共和国成立后，历任食品工业部、轻工业部参事，第一轻工业部、轻工业部食品发酵工业科学研究所所长，中国轻工协会、中国食品工业协会常务理事，是第三、五、六届全国人大代表。也是中国食品工业协会白酒专业协会名誉会长，享受国务院政府特殊津贴。

秦含章先生在20世纪60年代主持了白酒行业里具有里程碑意义的“汾酒试点”工作。彼时的中国经济百废待兴，秦老带领科研人员用现代科学方法全面研究汾酒生产的各环节，建立了一套比较完整的化学检测方法，也鉴定了一些重要的微生物菌株，极大提升了成品酒的产量和质量。这是科研人员将老祖宗传下来的经验式白酒生产第一次进行理论化、系统化的研究和总结，开创了应用科学技术提升传统工艺的先河。除白酒外，秦老在黄酒和啤酒生产技术的提高和推广方面也有很大的贡献。

82岁退休之后，秦老依旧活跃在酒行业的研讨会和考察调研活动中。除此之外，秦老习字作诗，创作了很多和酒文化以及健康生活有关的七律古诗，宣传弘扬传统酒文化。同时他将更多的时间放在了著书立文方面，将自己毕生所学所想转化为文字流传后人。据统计，他一共撰写了有关白酒酿造工艺、科学技术以及酒文化的40余部著作，对推动我国酿酒工业的发展发挥了重要的作用。

参考文献

[1] 柴方春. 中国和文化第一品牌 琅琊台酒[J]. 商周刊，2010,（14）: 62-63.

[2] 陈炳豪. 石湾酒厂玉冰烧酒发展史[J]. 酿酒，1984,（02）: 56-57.

[3] 陈磊，杨长牛，黄文权，刘郁葱，孙泽刚. 甑桶蒸馏技术在白酒生产中的应用及研究进展[J]. 食品工业，2016, 37（08）: 222-225.

[4] 陈铁锤. 论百年汉汾酒与黄鹤楼酒·陈香的特点与传承[N]. 华夏酒报，2017-06-27（A15）.

[5] 程国鹰. 中华老字号杏花村“汾酒”品牌创新策略研究[D]. 北京: 首都经济贸易大学，2011.

[6] 褚净净. 宝丰酒文化与文学书写[J]. 科技展望，2016, 26（28）: 255-257.

[7] 崔利. 酱香型白酒中吡嗪类化合物的生成途径及环节[J]. 酿酒，2007,（05）: 39-40.

[8] 戴军，陈尚卫，谢广发，等. 绍兴黄酒中ACE活性抑制肽的分离分析[J]. 分析测试学报，2006,（04）: 74-77.

[9] 董淑燕. 百情重殇——中国古代酒文化[M]. 北京: 中国书店，2012: 178-179.

[10] 范文来，胡光源，徐岩. 药香型董酒的香气成分分析 [J]. 食品与生物技术学报，2012, 31 (08): 810-819.

[11] 范文来，徐岩，杨廷栋，等. 应用液液萃取与分馏技术定性绵柔型蓝色经典微量挥发性成分 [J]. 酿酒，2012, (1): 21-29.

[12] 傅国城. 西凤酒酿造工艺写实与创新的研究 [J]. 酿酒，2016, 43 (04): 9-14.

[13] 广家权，高玲. 浓香型迎驾贡酒生产技术研究 [J]. 酿酒科技，2009, (04): 76-78.

[14] 贵州省质量技术监督局. DB52/T 550—2013 董香型白酒 [S].

[15] 郭旭. 中国近代酒业发展与社会文化变迁研究 [D]. 无锡: 江南大学，2015.

[16] 侯港. 新郎酒品牌建设研究 [D]. 成都: 电子科技大学，2016.

[17] 胡建祥，蔡官林，刘义刚. 酒海探秘——古老神奇的太白荆条老酒海子 [J].酿酒科技，2008, (09): 118-119.

[18] 黄平，姜螢，张肖克，杨国华. 写在秦含章老先生109岁华诞. [J]. 酿酒科技，2017, (02): 17-22.

[19] 黄平. 中国酒界泰斗秦含章 [J]. 酿酒科技，2007, (04): 19-26.

[20] 黄伟健. 客家黄酒多糖的提取分离、组成与抗氧化活性研究 [D]. 广州: 仲恺农业工程学院，2017.

[21] 季兰英. 地理标志产品　牛栏山二锅头酒 [J]. 中国标准化，2008,(08): 72-73.

[22] 贾林珍，卫林亭. 洛伐他汀的药理作用特征及临床合理应用 [J]. 临床合理用药杂志，2015, 8 (35): 14-15.

[23] 贾翘彦. 确立董酒为"董型"白酒的研究报告 [J]. 酿酒科技，1999, (05): 75-79.

[24] 姜小石，柴方春. 琅琊台酒: "差异"前行 [J]. 商周刊，2010,(05): 64-66.

[25] 金一南，徐海鹰. 苦难辉煌: 中国共产党的力量从哪里来? [M]. 福州: 海峡书局，2013: 230-232.

[26] 酒游记. 壮哉景芝壮美如诗—给你讲述我眼中的景芝 [EB/OL]. 2017-09-07 [2018-09-15].http://www.jianiang.cn/jiuwenhua/jiulv/0ZM91512017.html.

[27] 柯苑. 金门高粱酒香气成分分析 [D]. 厦门: 集美大学，2016.

[28] 来安贵，赵德义，曹建全. 芝麻香型白酒的发展历史、现状及发展趋势 [J]. 酿酒，2009, 36 (01): 91-93.

[29] 李春颂. 景芝古酿醉世长 [J]. 中国酒，2002, (04): 56-57.

[30] 李大和. 曲药、窖池、工艺操作与浓香型酒产质量的关系 [J]. 酿酒，2008, (04): 3-9.

[31] 李大和主编. 白酒酿造培训教程 (白酒酿造工、酿酒师、品酒师) [M]. 北京: 中国轻工出版社，2013.

[32] 李富全. 四川沱牌曲酒股份有限公司现阶段白酒销售实现突破性增长的研究 [D]. 成都：西南财经大学，2009.

[33] 李刚，李丹. 陕西酿酒工业的历史变迁 [J]. 西北大学学报：自然科学版，2010, 40 (05): 929-933.

[34] 李贺贺，胡萧梅，李安军等. 采用顶空固相微萃取和搅拌棒吸附萃取技术分析古井贡酒中香气成分 [J]. 食品科学，2017, 38 (04): 155-164.

[35] 李绍亮. 宋河粮液风格特点的探讨 [J]. 酿酒，2008, (02): 30-34.

[36] 李时珍编撰. 本草纲目（下册）[M]. 刘衡如，刘山永校注. 北京：华夏出版社，2002: 1045-1052.

[37] 李学思. 谈宋河酒生产工艺及其风格特点 [J]. 酿酒，2014, 41 (04): 70-74.

[38] 李源栋. 馥郁香型酒鬼酒风味物质指纹图谱的研究 [D]. 长沙: 湖南大学，2011.

[39] 李远方. 牛栏山二锅头：为中国白酒文化留下浓墨重彩 [N]. 中国商报，2012-10-19 (016).

[40] 李长江，张洪远，赵新，等. 武陵酒生产工艺创新剖析 [J]. 酿酒科技，2009.

[41] 梁红一. 汾酒与世博会背后的故事 [J]. 山西档案，2010, (03): 51-54.

[42] 刘建新. 四特酒品牌建设研究 [D]. 南昌: 南昌大学，2013.

[43] 刘茂忠. 科学发展观视阈下的湖北省白酒产业集群发展研究 [D]. 武汉: 武汉工业学院, 2011.

[44] 刘明明, 王君高, 孙朋朋等. 麸曲在芝麻香型白酒生产中的应用 [J]. 酿酒科技, 2013, (03): 69-70, 74.

[45] 刘昕, 刘洪波, 曾荣妹等. 董酒风味香气特征研究进展 [J]. 酿酒科技, 2016, (12): 91-93.

[46] 罗泽云, 曾令玲, 陈德安等. 2004年绵竹剑南春酒坊遗址发掘简报 [J]. 四川文物, 2007, (02): 3-12, 97-98.

[47] 莫新良, 徐岩, 范文来. 黄酒储存期间4-乙烯基愈创木酚和香草醛的变化及影响因素 [J]. 食品与发酵工业, 2016, 42 (02): 29-34.

[48] 彭金龙, 毛健, 黄桂东等. 黄酒多糖体外抗氧化活性研究 [J]. 食品工业科技, 2012, 33 (20): 94-97.

[49] 秦愔. 曹雪芹与酒 [J]. 红楼梦学刊, 1991, (1): 42-43.

[50] 申孟林, 张超, 王玉霞. 白酒大曲微生物研究进展 [J]. 中国酿造, 2016, 35 (05): 1-5.

[51] 沈赤. 绍兴黄酒多糖的分离提取、生物活性及其对肠道微生物的影响 [D]. 无锡: 江南大学, 2014.

[52] 沈怡方. 白酒生产技术全书 [M]. 北京: 中国轻工业出版社, 2013.

[53] 沈怡方. 白酒的甑桶蒸馏 [J]. 酿酒, 1995, (05): 7-18.

[54] 沈怡方主编. 白酒生产技术全书[M]. 北京：中国轻工出版社，2015.

[55] 沈振昌. 酒泽曹孟德[J].中国酒，2017,(08):58.

[56] 石仲泉. 长征行[M].北京：中共党史出版社，2016：126-127.

[57] 苏立. 欧阳修诗词中的酒情结[J]. 滁州学院学报，2012, 14(6):1-5.

[58] 孙家州，马利清. 酒史与酒文化研究[M]. 北京：社会科学文献出版社，2012: 8-9, 54-154, 180-184.

[59] 孙铁. 影响中国历史100事件[M].北京：线装书局，2003: 184-189.

[60] 孙啸涛，王宗元，刘淼等. 涡旋辅助液液微萃取结合GC-MS法检测67种白酒中四甲基吡嗪、4-甲基愈创木酚和4-乙基愈创木酚[J].食品科学，2017, 38(18):73-79.

[61] 糖酒快讯. 喜讯：西凤酒海被认定为文物[EB/OL]. 2017-09-019[2018-09-15].http://spirit.tjkx.com/detail/1042667.htm.

[62] 汪杰. 古井贡酒：有历史的美酒[J]. 决策探索(上半月)，2011,(12):91.

[63] 王邦坤，王会军. 应用酱香混合曲生产麸曲酱香型白酒工艺研究[J].酿酒，2016, 43(03):89-93.

[64] 王芳. 青眼聊因美酒横燕市悲歌酒易醺——阮籍和曹雪芹的“醉态人生”[J]. 新余高专学报，2009, 14(03):49-51.

［65］王娟娟. 水井坊酒传统酿造技艺的生产性保护研究［D］. 成都：四川省社会科学院，2014.

［66］王昆. 老字号双沟酒业的传承与发展［J］. 酿酒科技，2011，（05）：125-126.

［67］王然. 畅游酒都，到洋河寻觅古韵美景［N］. 人民日报，2015-09-25（015）.

［68］王世伟，王卿惠，芦利军等. 白酒酿造微生物多样性、酶系与风味物质形成的研究进展［J］. 农业生物技术学报，2017, 25（12）：2038-2051.

［69］王兴华. 图书馆地方文化文献的搜集、整理与出版——以桂林三花酒文化为例［J］. 图书馆界，2015, 04: 70-72.

［70］王耀，张聪芝，李浩等. 绵柔型白酒酿造用复合功能曲多微体系分析研究［J］. 酿酒科技，2015,（04）：41-45.

［71］王毅，罗惠波，王彩虹. 小曲酒酿造微生物研究进展［J］. 酿酒科技，2014,（04）：78-82.

［72］魏琳. 好酒之道：迎驾酿酒技艺中的“天”“人”契约［N］. 华夏酒报，2016-06-07（A11）.

［73］吴国强. 景芝酒志书籍及其衍生品设计［D］. 济南：山东工艺美术学院，2017.

［74］吴继红，孙宝国，赵谋明等. 白酒中血管紧张素转换酶抑制肽的发现与研究［J］. 中国食品学报，2016, 16（09）：14-20.

[75] 吴建峰. 中国白酒中健康功能性成分四甲基吡嗪的研究综述 [J]. 酿酒，2006,(06): 13-16.

[76] 夏义雄. 桂林三花酒 [J]. 食品与发酵工业，1980, 04: 40.

[77] 谢敏，吴远望. 豉香型白酒传统工艺的继承与创新 [J]. 酿酒科技，2012,(08): 82-83.

[78] 忻忠，陈锦编著. 中国酒文化 [M]. 济南：山东教育出版社，2009.

[79] 邢明月. 浅析宝丰酒——兼论清香型白酒 [J]. 酿酒，1987,(06): 17-19.

[80] 熊小毛. 浓酱兼香型白云边酒生产工艺技术总结 [J]. 酿酒科技，2007,(09): 35-42.

[81] 熊燕飞. 泸州老窖品牌战略发展研究 [D]. 成都：电子科技大学，2016.

[82] 熊子书. 中国特型酒的产生——提高江西四特酒质量研究的纪实 [J]. 酿酒科技，2006,(01): 102-104.

[83] 徐占成. 中国名酒剑南春的独特酒体风味质量及经典工艺特色 [J]. 酿酒科技，2010,(11): 53-56.

[84] 许建生. 含Monacolin K的黄酒的研制 [D]. 南京：南京农业大学，2004.

[85] 许越鸥. 宜宾史志档案中的酒文化解码 [J]. 酿酒科技，2016,(08): 126-128.

[86] 杨大金，蒋英丽，邓皖玉等. 红花郎酒的工艺技术改进创新和质量控制 [J]. 酿酒科技，2007,(03): 54-57.

[87] 杨应雄. 金门高粱酒在大陆白酒市场品牌战略之研究 [D].厦门:厦门大学，2009.

[88] 杨志琴，龚雄兵. 做中国文化酒的引领者——“酒鬼”酒文化经营发展战略再绽新姿 [J]. 酿酒科技，2002,(01):91-94.

[89] 余平. 河南宝丰酒业集团有限公司HACCP的建立 [D]. 济南: 山东大学，2005.

[90] 余乾伟. 传统白酒酿造技术 [M]. 北京: 中国轻工业出版社，2013: 3-6.

[91] 余乾伟编著. 传统白酒酿造技术 [M]. 北京: 中国轻工业出版社，2015.

[92] 翟文良主编. 中国酒典 [M]. 上海: 上海科学普及出版社，2011.

[93] 张灿. 中国白酒中异嗅物质研究 [D]. 无锡: 江南大学，2013.

[94] 张春林. 泸州老窖大曲的质量、微生物与香气成分关系 [D]. 无锡: 江南大学，2012.

[95] 张大可，王慧敏. 影响中国历史100名人 [M]. 北京: 民族出版社，1999: 170-172.

[96] 张凤瑞. 双沟浓香型白酒新老窖池己酸菌和理化指标差异性研究 [D].南京: 南京农业大学，2013.

[97] 张嘉涛，崔春玲，童忠东等. 白酒生产工艺与技术 [M]. 北京: 化

学工业出版社，2014: 106-118, 148-168.

[98] 张静. S酒业公司品牌营销策略研究［D］. 大连：大连理工大学，2013.

[99] 张娟娟. 魏晋南北朝时期的酒文化探析［D］. 济南：山东师范大学，2010.

[100] 张良，沈才洪. 泸型酒技艺大全［M］. 北京：中国轻工业出版社，2011: 464-482.

[101] 张梅. 山东景芝酒业成功的文化视角［J］. 酿酒科技，2013,（08）: 106-108.

[102] 张蓉真，刘树滔，陈儒明等. 福建老酒中血管紧张素转换酶抑制物质的分离鉴定［J］.福州大学学报：自然科学版，1996,（06）: 114-118.

[103] 张斌. 全兴牌白酒发展问题研究［D］. 成都：西南财经大学，2003.

[104] 张宿义，许德富. 泸型酒技艺大全［M］. 北京：中国轻工业出版社，2011: 2-7.

[105] 张勇. 馥郁香型白酒的发展历程［J］. 酿酒科技，2011, 10: 117-121.

[106] 赵凤琦. 我国白酒产业可持续发展研究［D］. 北京：中国社会科学院研究生院，2014.

[107] 赵景龙，韩兴林，杨海存等. 清香型大曲白酒地缸发酵机理［J］.

食品与发酵工业，2013, 39（11）: 81-84.

［108］《中国大百科全书》总编委会. 中国大百科全书（精纯本）［M］. 北京：中国大百科全书出版社，2002: 840.

［109］中华人民共和国国家质量监督检验检疫总局. GB/T 10781.2—2006 清香型白酒［S］.

［110］中华人民共和国国家质量监督检验检疫总局. GB/T 10781.3—2006 米香型白酒［S］.

［111］中华人民共和国国家质量监督检验检疫总局. GB/T 14867—2007 凤香型白酒［S］.

［112］中华人民共和国国家质量监督检验检疫总局. GB/T 16289—2018 豉香型白酒［S］.

［113］中华人民共和国国家质量监督检验检疫总局. GB/T 20823—2017 特香型白酒［S］.

［114］中华人民共和国国家质量监督检验检疫总局. GB/T 20824—2007 芝麻香型白酒［S］.

［115］中华人民共和国国家质量监督检验检疫总局. GB/T 20825—2007 老白干香型白酒［S］.

［116］中华人民共和国国家质量监督检验检疫总局. GB/T 22736—2008 地理标志产品——酒鬼酒［S］.

［117］中华人民共和国国家质量监督检验检疫总局. GB/T 23547—2009 浓酱兼香型白酒［S］.

[118] 中华人民共和国国家质量监督检验检疫总局. GB/T 26760—2011 酱香型白酒 [S].

[119] 中华人民共和国国家质量监督检验检疫总局. GB/T10781. 1—2006浓香型白酒 [S].

[120] 钟玉叶，崔如生，滕抗. “洋河蓝色经典”绵柔型质量风格成因初探（上）[J]. 酿酒科技，2009,(04): 117-121, 126.

[121] 钟玉叶，崔如生，滕抗. “洋河蓝色经典”绵柔型质量风格成因初探（下）[J]. 酿酒科技，2009,(05): 121, 126.

[122] 周山荣. 名酒论战：从茅台镇到杏花村 [N]. 华夏酒报，2015-03-03 (B31).

[123] 周晓. 黄鹤楼：酿就“天人合一”的完美境界 [N]. 华夏酒报，2013-10-15 (A23).

[124] 朱会伦. 剑南春酒坊遗址入选“中国十大考古新发现”揭秘 [N]. 科技日报，2005-06-06.

[125] 朱泽孝. 民国风行双沟酒 [J]. 酿酒科技，2012,(02): 116-117.

[126] Bo Xi, Sreenivas P Veeranki, Min Zhao, et al. Relationship of Alcohol Consumption to All-Cause, Cardiovascular, and Cancer-Related Mortality in U. S. Adults [J]. Journal of the American College of Cardiology, 2017, 70 (6): 913-922.

[127] Han Fuliang, Xu Yan. Identification of Low Molecular Weight Peptides in Chinese Rice Wine (Huang Jiu) by UPLC - ESI -

MS/MS [J] . Journal of the Institute of Brewing, 2011, 117 (2) : 238-250.

[128] Liu Huilin, Sun Baoguo. Effect of Fermentation Processing on the Flavor of Baijiu [J] . Journal of Agricultural and Food Chemistry, 2018, 66 (22) , 5425-5432.

[129] Luo Tao, Fan Wenlai, Xu Yan. Characterization of volatile and semi-volatile compounds in Chinese rice wines by headspace solid phase microextraction followed by gas chromatography-mass spectrometry [J] . Journal of the Institute of Brewing, 2008, 114 (2) :172-179.

[130] McGovern P E, Zhang J, Tang J, et al. Fermented Beverages of Pre- and Proto-Historic China [J] . Proceedings of the National Academy of Sciences of the United States of America, 2004, 101 (51) :17593.

[131] Wang J, Liu L, Ball T, et al. Revealing a 5000-y-old beer recipe in China [J] . Proceedings of the National Academy of Sciences of the United States of America, 2016, 113 (23) :6444.

[132] Wang Xiaoxin, Fan Wenlai, Xu Yan. Comparison on aroma compounds in Chinese soy sauce and strong aroma type liquors by gas chromatography-olfactometry, chemical quantitative and odor activity values analysis [J] . European Food Research and

Technology, 2014, 239 (5) : 813-825.

[133] Wu Jihong, Huo Jiaying, Huang Mingquan, et al. Structural characterization of a tetrapeptide from Sesame flavor-type Baijiu and its preventive effects against AAPH-induced oxidative stress in HepG2 cells [J] . Journal of Agricultural and Food Chemistry, 2017, 65 (48) : 10495-10504.

[134] Wu Jihong, Sun Baoguo, Luo Xuelian, et al. Cytoprotective effects of a tripeptide from Chinese Baijiu against AAPH-induced oxidative stress in Hep G2 cells via Nrf2 signaling [J] . RSC Advances, 2018, 8: 10898-10906.

[135] Zheng Yang, Sun Baoguo, Zhao Mouming, et al. Characterization of the Key Odorants in Chinese Zhima Aroma-Type Baijiu by Gas Chromatography-Olfactometry, Quantitative Measurements, Aroma Recombination, and Omission Studies [J] . Journal of Agricultural and Food Chemistry, 2016, 64 (26) : 5367-5374.

索引